FRITZ WERNER HÄUSSLER

Reversible Zähigkeitsänderungen von Schmierflüssigkeiten bei mechanischer Beanspruchung

Reversible Zähigkeitsänderungen von Schmierflüssigkeiten bei mechanischer Beanspruchung

VON

DR.-ING. F. W. HÄUSSLER

Oberassistent am Lehrstuhl f. Allg. Maschinenkunde und
Maschinenelemente der Technischen Hochschule Dresden

1951

AKADEMIE-VERLAG BERLIN

Erschienen im Akademie-Verlag GmbH., Berlin NW 7, Schiffbauerdamm 19
Lizenz-Nr. 156 · 100/32/15
Herstellung: IV/2/14 · VVB Druck · Werkdruck Gräfenhainichen — 228
Bestell- und Verlagsnummer 5063

Inhaltsverzeichnis

Verwendete Bezeichnungen

x, y, z		Koordinaten (siehe Abb. 9)
D	mm	Durchmesser der bewegten (oberen) Platte
r	mm	Exzentrizität, $r = 0{,}68$ mm
h_y	mm	Normalabstand der beiden Platten
h	mm	Normalabstand der beiden Platten bei Stößelstellung „Oberer Totpunkt“ (Größtabstand im Lauf)
h_0	mm	Normalabstand der beiden Platten bei Stößelstellung „Unterer Totpunkt“ (Kleinstabstand im Lauf)
h_1	mm	Spaltweitenänderung durch Beaufschlagung der Anlage mit Flüssigkeitsdruckkräften
h_2	mm	Spaltweitenänderung durch Beaufschlagung der Anlage mit Flüssigkeitszugkräften
f_+	mm	Ausschlag auf Registriertrommel bei Druckbelastung des Meßgebers
f_-	mm	Ausschlag auf Registriertrommel bei Zugbelastung des Meßgebers
t	s	Zeit
t_d	s	Andrückzeit (Ölprüfgerät nach *Heidebroek*)
t_z	s	Abreißzeit (Ölprüfgerät nach *Heidebroek*)
α	°	Drehwinkel der Motorwelle, Exzenterwinkel
α_m	°	Winkel, bei dem die Flüssigkeitskraft ihr Maximum erreicht
α_v	°	Winkel, bei dem die Radialgeschwindigkeit der Flüssigkeit ihr Maximum erreicht
α_1	°	Winkel, bei dem P'_{+max} erreicht wird
α_2	°	Winkel, bei dem P'_{-max} erreicht wird
v_0	$cm \cdot s^{-1}$	Strömungsgeschwindigkeit einer zähen Flüssigkeit
v	$cm \cdot s^{-1}$	Radialgeschwindigkeit der Flüssigkeit im äußersten Ringspalt ($x, z = D/2$)
v_m	$cm \cdot s^{-1}$	Mittlere Radialgeschwindigkeit der Flüssigkeit im äußersten Ringspalt ($x, z = D/2$)
v_{max}	$cm \cdot s^{-1}$	Maximale Flüssigkeitsgeschwindigkeit bezogen auf Spaltmitte
c	$cm \cdot s^{-1}$	Geschwindigkeit der bewegten Platte in y-Richtung
c'_+	$cm \cdot s^{-1}$	Geschwindigkeit der Platte in y-Richtung unter Berücksichtigung der Wellendurchbiegung bei Abwärtsgang

c'_-	$cm \cdot s^{-1}$	Geschwindigkeit der Platte in y-Richtung unter Berücksichtigung der Wellendurchbiegung bei Aufwärtsgang
U_0	$cm \cdot s^{-1}$	Tangentialgeschwindigkeit einer rotierenden Platte
U_1	$cm \cdot s^{-1}$	Tangentialgeschwindigkeit der anderen rotierenden Platte
ω	s^{-1}	Winkelgeschwindigkeit der Motorwelle
n	min^{-1}	Drehzahl der Motorwelle
b	$cm \cdot s^{-2}$	Beschleunigung der radial strömenden Flüssigkeit im äußersten Ringspalt ($x, z = D/2$)
b_m	$cm \cdot s^{-2}$	Mittlere Beschleunigung der radial strömenden Flüssigkeit im äußersten Ringspalt ($x, z = D/2$)
p	$kg \cdot cm^{-2}$	Druck in der Flüssigkeit
τ	$kg \cdot cm^{-2}$	Scherspannung in der Flüssigkeit
σ_z	$kg \cdot cm^{-2}$	Abreißspannung (Ölprüfgerät nach *Heidebroek*)
P	kg	Plattennormalkraft
P_+	kg	Normal zu den Platten wirkende Druckkraft
P_-	kg	Normal zu den Platten wirkende Zugkraft
P_{+max}	kg	Während einer Umdrehung auftretende maximale Druckkraft
P_{-max}	kg	Während einer Umdrehung auftretende maximale Zugkraft
P'_{+max}	kg	Rechnerische maximale Druckkraft unter Berücksichtigung der Wellendurchbiegung
P'_{-max}	kg	Rechnerische maximale Zugkraft unter Berücksichtigung der Wellendurchbiegung
P''_{+max}	kg	Mit Näherungsrechnung erzielte maximale Druckkraft
P''_{-max}	kg	Mit Näherungsrechnung erzielte maximale Zugkraft
P_F	kg	Schraubenfederkraft
P_d	kg	Andrückkraft (Ölprüfgerät nach *Heidebroek*)
P_z	kg	Abreißkraft (Ölprüfgerät nach *Heidebroek*)
f	$mm \cdot kg^{-1}$	Durchbiegung der Motorwelle, $f = 0{,}00217\ mm \cdot kg^{-1}$
t_c	°C	Temperatur
η	$kg \cdot s \cdot cm^{-2}$	Absolute Zähigkeit
η_z	$kg \cdot s \cdot cm^{-2}$	Abreißzähigkeit (Ölprüfgerät nach *Heidebroek*)
ψ		Verhältnis von Abreißzähigkeit zu absoluter Zähigkeit, $\psi = \eta_z/\eta$
μ		Reibungszahl (*Tränkner*-Federreibungswaage)
Ro	min	Lebensdauerwert (Zahnradprüfmaschine)

A. Einleitung

Im Laboratorium für Lager- und Schmierungsforschung an der Technischen Hochschule Dresden (Leiter: Prof. Dr.-Ing. *E. Heidebroek*) wurden seinerzeit Versuche durchgeführt, die das Verhalten verschiedener Öle bei Fließvorgängen in engsten Spalten zum Inhalt hatten [1][1]. Die Versuche von *Heidebroek* und *Pietsch* ergaben, daß die Vorgänge beim Auseinanderreißen von zwei ebenen Platten, die durch eine äußere Kraft eine bestimmte Zeit lang unter Öl zusammengedrückt worden waren, einem Gesetz gehorchen, das sich aus der bei Anwendung des *Newton*schen Schubspannungsgesetzes für rein viskose Flüssigkeiten zustande gekommenen allgemeinen hydrodynamischen Gleichung von *Reynolds* ableiten läßt. Bei einer vereinfachenden Annahme ergibt sich, daß das Produkt aus der aufgebrachten mittleren Abreißspannung σ_z und der Zeit t_z, die bis zum Abriß der einen von der anderen Platte vergeht, konstant ist:

$$\eta_z = \sigma_z \cdot t_z = \text{const} \quad [\text{kg} \cdot \text{s} \cdot \text{cm}^{-2}] .$$

Die Konstante η_z wird mit Abreißzähigkeit bezeichnet und hat die gleiche Dimension wie die absolute Zähigkeit. Diese Beziehung konnte gefunden werden, indem aus dem Kontaktzustand abgerissen wurde, der dann vorhanden ist, wenn sich die Platten auf einen kleinstmöglichen Spalt genähert haben, was sich wiederum dadurch anzeigt, daß bei einer Vergrößerung der Andrückzeit die Abreißzeit nicht mehr zunimmt ([1], Bild 4). Die Gleichung gilt für jede Ausgangsspaltweite, nur ist der versuchstechnische Nachweis dann schwieriger zu führen, weil die Messung der Spaltweite erheblichen Aufwand erfordert. Wenn das empirisch gefundene Gesetz auch über die damaligen

[1]) Die in eckigen Klammern stehenden Zahlen beziehen sich auf das Literaturverzeichnis am Schlusse dieser Arbeit.

Versuchsgrenzen hinaus gültig bleibt, mußten bei erzwungen kleinen Abreißzeiten große Spannungen im Öl auftreten.

In Weiterführung der Arbeit in der angedeuteten Richtung wurde der einen Prüfplatte mit Hilfe eines von einem Elektromotor angetriebenen Exzenters ein bestimmtes Bewegungsgesetz zwischen einer kleinsten und größten Spaltweite aufgeprägt und bei einer Drehzahl von 2000 min^{-1} und einem Plattendurchmesser von 2 mm die Wirkung der erzeugten Ölspannungen auf die metallischen Prüfflächen beobachtet. Obwohl beim kleinsten Abstand der Flächen keine metallische Berührung stattfand, wurden die Oberflächen nach einer Laufzeit von 14 Stunden, entsprechend 1,7 Millionen Schwingungen, zerstört. Hieraus wird gefolgert, daß die Zerreißspannung des Öles bei sehr kleinen Abreißzeiten höher sein kann als die des metallischen Werkstoffes und infolge der vermuteten hohen Zugspannungen metallische Teilchen aus ihrem Verband gerissen werden. Allerdings wird die Möglichkeit des Auftretens von Tropfenschlag-Korrosion durch Bildung von Dampfblasen nicht ausgeschlossen ([1], S. 85/86). Es handelte sich um Versuche qualitativer Art; Messungen zur Klärung der Wirkungsart und der auftretenden Ölkräfte konnten mit dieser Versuchsanlage nicht durchgeführt werden.

Hier setzten die Überlegungen ein, die für den Bau der im Folgenden beschriebenen Versuchsanlage und der damit durchgeführten Versuche maßgebend waren. Die Apparatur unterscheidet sich im wesentlichen von der von *Heidebroek* und *Pietsch* benutzten dadurch, daß eine Zusatzeinrichtung die Messung des zeitlichen Verlaufes der Druck- und Zugkräfte während einer Schwingung möglich macht; der Kräfte also, die nötig sind, um das Öl mit einer vorbestimmten Geschwindigkeit aus dem Spalt zwischen den Meßplatten zu verdrängen bzw. wieder hineinzusaugen. Gleichzeitig sollte untersucht werden, wie sich das Öl selbst bei einer derartigen mechanischen Wechselbeanspruchung verhält.

B. Versuchsanlage

1. Grundsätzlicher Aufbau

Das Prinzip der Apparatur geht aus Abb. 1 hervor. Der mechanische Teil zur Erzeugung der Bewegung einer Platte ist hinsichtlich seiner Wirkungsweise der gleiche wie bei der Anlage von *Heidebroek* und *Pietsch*. Die feststehende Meßplatte, der Meßgeber und eine Höhenverstellvorrichtung sind mechanisch hintereinander geschaltet und fest mit dem Fundament verbunden.

Die Meßeinrichtung selbst sollte folgenden Anforderungen genügen:

a) Aufzeichnung schnellveränderlicher Kräfte.

b) Messung von Druck- und Zugkräften.

c) Äußerst geringe oder besser gar keine Wege der Meßplatte während des Meßvorganges.

Am günstigsten erschien es, dafür eine elektrische Meßanordnung mit einem den piezoelektrischen Effekt ausnützenden Geber und mit einem Kathodenstrahl-Oszillographen als Anzeigegerät zu verwenden. Bekanntlich entstehen auf den parallelen Oberflächen von Quarzplatten, wenn diese unter Berücksichtigung der elektrischen, optischen und neutralen Achse aus einem Quarzkristall herausgespalten werden, beim Aufbringen einer Kraft entgegengesetzte elektrische Ladungen. Diese Ladungen sind bei bestimmter Größe der Quarzfläche unmittelbar proportional der aufgebrachten Kraft und bei einer bestimmten Kraft unabhängig von der belasteten Fläche. Eine Steigerung der Geberempfindlichkeit kann also bei gegebenem Verstärkungsgrad der Verstärkeranlage nur durch mechanisches Hintereinanderschalten mehrerer Quarze (Erhöhung des Produktes aus Flächendruck und Fläche) und elektrisches Parallelschalten ihrer Endflächen erreicht werden. Bei gegebener Kapazität sind dann die Spannungen zwischen den Endflächen eines Quarzes proportional der Ladung.

Um auch Zugkräfte mit dem gleichen Meßgeber aufzeichnen zu können, müssen die Quarze unter einer Vorbelastung stehen, die größer ist als die höchsten zu messenden Zugkräfte. Da mit den sehr geringen Spannungen eine Aussteuerung des Anzeige-Instrumentes nicht erzielt werden kann, müssen diese verstärkt werden, was am besten mit einem Elektronenröhren-Verstärker geschieht.

2. *Ausgeführte Versuchsanlage*

a) Mechanischer Teil

In unmittelbarer Anlehnung an die Prinzipskizze (Abb. 1) wird die Auf- und Abbewegung der oberen Platte mit Hilfe eines rotierenden Kreisexzenters und eines zweimal geführten senkrechten Stößels erzeugt (Abb. 2). Der Exzenter ist als Kugellager ausgebildet, um eine Veränderung des engsten Spaltes h_0 bei einer einmal getätigten Einstellung infolge Verschleißes und unterschiedlichen Schmierspaltes bei veränderter Geschwindigkeit zu vermeiden (siehe auch Abb. 9). Die Exzentrizität beträgt $r = 0{,}68$ mm, der Stößelhub also 1,36 mm. Die Rückführung des Stößels übernimmt eine Schraubenfeder, die so bemessen ist, daß auch bei den höchsten Drehzahlen und den größten auftretenden Zugkräften kein Abheben des Stößels vom Exzenter stattfinden kann. In der unteren Totlage der bewegten Platte (UT) übt die Feder eine Kraft von 20 kg nach oben aus. Erfahrungsgemäß erreichen die Ölkräfte beim Aufwärtsgang der oberen Platte normalerweise 4,5 bis 5 kg; somit verbleibt unter einer Vernachlässigung der geringen Massenkräfte eine dauernd senkrecht nach oben wirkende, freie Kraft von etwa 15 kg, die ein immerwährendes Anliegen der Kugeln des Wälzlagers am Außenring und der Elektromotorenwelle im Lager in der gleichen Richtung gewährleistet, womit das Lagerspiel ausgeschaltet (kein Pendeln der Kraft durch Null) und die Durchbiegung der Welle in fast gleicher Größe und Richtung gehalten und damit weitgehend kompensiert wird. Zur

Verwirklichung des gewünschten Bewegungsgesetzes (Kurbeltrieb mit unendlich langer Pleuelstange) ist der Durchmesser der oberen, ebenen Stößelstirnfläche größer gehalten als die doppelte Exzentrizität. Die obere, bewegte Platte ist am unteren Ende des Stößels auswechselbar eingeschraubt und hält gleichzeitig ein Schmierölfanggefäß, welches das Schmieröl für die Stößelgleitbahnen nicht ins Versuchsöl gelangen läßt.

Als Antriebsmotor wird ein in den Grenzen von 0 bis 2800 min^{-1} regelbarer Spezial-Elektromotor verwendet. Die Regelung erfolgt durch Spannungsteiler sowohl im Anker- als auch im Feldkreis. Der Ankerkreis wird aus dem 220-Volt-, der Feldkreis aus dem 440-Volt-Gleichstromnetz gespeist. Instabilitäten der Drehzahl als Folge der Regelanordnung machten sich nicht hindernd bemerkbar.

b) Spaltweiten-Einstellvorrichtung

Der untere, feststehende Teil der Apparatur besteht aus dem Quarzgeber, dem Ölgefäß, dem Quarzgeberträger und der Vorrichtung zur Spaltweiteneinstellung.

Zur letzteren gehört ein mehrteiliges Differentialgewindesystem (Abb. 2), das eine Höheneinstellung des Quarzgebers samt der darauf verschraubten Meßplatte erlaubt. Das Außengewinde der Differentialmutter ist als M 70×2, das Innengewinde als M 50×1,5 ausgeführt. Beide Gewinde sind Rechtsgewinde, so daß sich bei einer Umdrehung der Differentialmutter eine Höhenverstellung und damit eine Spaltweitenänderung von 0,5 mm ergibt. Eine Drehung des Quarzgeberträgers wird dabei durch einen mit zwei angefrästen Flächen versehenen Zapfen des Quarzgeberträgers verhindert, der in den Schlitz einer zusammen mit dem Gehäuse fest auf das Fundament verspannten Führungsplatte eingreift.

Nach dem Einstellen blockiert eine Spannschraube, die durch einen Durchbruch im Gehäuse (siehe Abb. 2, Schnitt $A-B$) bedient wird, das Verstellsystem, womit eine Veränderung der Spaltweite infolge des nicht abzustellenden Gewindespieles beim Wechseln der Kraftrichtung an der aufgeschraubten Meßplatte (Zug auf Druck und umgekehrt) vermieden wird.

c) Kraftmeßanlage

Die verwendete und hier beschriebene Quarzmeßkammer (Abb. 3) stellt die 3. Stufe einer Entwicklungsreihe dar. Die ersten beiden Ausführungen, die mit einer vollen Hülse und 2 Quarzen ausgerüstet waren, erwiesen sich als zu unempfindlich. Die Quarzsäule ist in einem Hohlzylinder aus Plexiglas als Isoliermaterial aufgebaut und besteht aus 4 Quarzen von 8 mm Durchmesser und 5 Druckstücken, von denen die beiden äußeren je eine ballige Fläche zur Erzielung gleichmäßiger Kraftverteilung haben. Die Kontaktflächen der Druckstücke, die aus einem hochwertigen Stahl (St 70.11) bestehen, sind genau parallel geschliffen und von Hand geläppt. Mit Hilfe einer Überwurfmutter wird die Quarzsäule gegen den Spannkopf des Quarzkammerträgers über den Spannbund, 3 Zugbänder von 0,3 mm Stärke und 2,5 mm Breite und den Hülsenkopf (alle drei Funktionsteile sind zu einem Werkstück aus St 70.11 vereinigt) verspannt und erhält so durch ein an der Überwurfmutter angebrachtes, rechnerisch ermitteltes Drehmoment eine Druckvorlast von etwa 100 kg. Auf den Hülsenkopf ist die untere Meßplatte zusammen mit dem Boden des Ölgefäßes aufgeschraubt; die senkrechte Wandung des Ölgefäßes kann gesondert auf- und abgeschraubt werden, damit beim Reinigen und Einstellen der Spaltweite die Meßplatte nicht entfernt zu werden braucht. Beide Platten bestehen aus Stahl St 34.11 und sind geschliffen und von Hand geläppt. Die Oberflächenrauhigkeit dürfte etwa 0,2 μ betragen. Die Meßplatte ist als Sechskant mit einer Schlüsselweite von 32 mm, die obere Platte ist rund mit einem Durchmesser von 20 mm ausgebildet, sofern nicht Versuche mit veränderlichem Durchmesser gemacht werden.

Einen Gesamteindruck der Versuchsanlage vermitteln die Abb. 4, 5 und 6.

Zur Verstärkung und Anzeige bzw. Registrierung der an der Quarzsäule erzeugten Wechselspannungen wird ein Elektronenröhren-Verstärker mit Kathodenstrahl-Oszillograph (Bauart Dr. Nier, Dresden) benutzt; die Zuführung erfolgt über eine abgeschirmte Leitung. Die Beobachtung der Schwingungen auf dem Leuchtschirm geschieht mit Hilfe des eingebauten abschaltbaren Kippgerätes. Zur Aufzeichnung der Schwingungen dient die am Oszillographen angebaute Fotoeinrichtung, die im wesentlichen aus einer mit lichtempfindlichen Papier bespannten, rotierenden Trommel mit senkrechter Achse und einer normalen Optik mit Verschluß besteht. Die Drehzahl des Trommel-Antriebmotors kann geregelt und stroboskopisch gemessen werden. Bei besonders kleinen Drehzahlen wurde die Trommel über ein Schneckengetriebe von Hand angetrieben.

3. Eichungen

Vor jeder neuen, unabhängigen und in sich geschlossenen Versuchsreihe, bei Änderung der minimalen Spaltweite und bei Auswechslung der oberen Platte wurde eine Neueinstellung der Parallelität und der Spaltweiten-Nullstellung sowie eine Nachprüfung des Gewindespieles im Spaltweiten-Verstellsystem vorgenommen. Als erstes geschah die Einstellung der Plattenparallelität nach der Lichtspaltmethode, die nach einigen Vorversuchen als die genaueste angesehen werden mußte. Die Nachprüfung erfolgte in zwei senkrecht zueinander liegenden Ebenen, wobei das Gewindesystem blockiert war. Als zweites folgte die Festlegung des Spaltweiten-Nullpunktes, wobei der Stößel im unteren Totpunkt (UT) stand und das in Vorversuchen ermittelte Gewindespiel berücksichtigt wurde. Auf Grund der vielfältigen Erfahrungen kann gesagt werden, daß die Einstellung der Spaltweite mit einer Genauigkeit von $\pm$ 0,01 mm geschehen kann.

Während der Einstellung der Spaltweite h_0 blieb die Schraubenfeder wirksam, die im unteren Totpunkt des Stößels eine freie Kraft von 20 kg nach oben ausübt. Diese Kraft ruft eine Durchbiegung des Wellenstumpfes und damit ein Anheben des Exzenters hervor. Da die Schraubenfederkraft im oberen Totpunkt immer noch 18,2 kg beträgt, verringert sich die Durchbiegung nur wenig (3,9 μ, siehe F 2), und man kann in erster Näherung sagen, daß sie auch während des Laufes in gleicher Größe und Richtung erhalten bleibt und damit kompensiert ist.

Weit größer ist der Einfluß der Flüssigkeitskräfte auf die Durchbiegung der Welle. Diese Frage soll weiter unten (F 2 und F 5) noch ausführlicher behandelt werden.

Die Eichung des Quarzgebers erfolgte so, daß zunächst eine Kraft aufgebracht und solange gewartet wurde, bis die dadurch an den Quarzen erzeugte Ladung vollständig abgeflossen und keine Spannungsdifferenz mehr vorhanden war, der Leuchtpunkt im Oszillographen also nicht mehr auswanderte. Dann wurde die Meßkammer ruckartig, aber genau senkrecht entlastet und der entstehende Ausschlag des Leuchtpunktes auf der Trommel fotografisch registriert. Die Eichung erfolgte sowohl für die Druck- als auch für die Zugkräfte, wobei zwei verschiedene Belastungsvorrichtungen benutzt wurden, die das schnelle Aufbringen und Entfernen einer bekannten Kraft in genau senkrechter Richtung ohne Erzeugung von Querkräften und Erschütterungen gestatteten. Die Eichungen wurden einmal mit stufenweise steigender, einmal mit fallender Kraft und 3 Empfindlichkeitsstufen des Oszillographen durchgeführt, wobei jede Einzelmessung dreimal gemacht und daraus der Mittelwert gebildet wurde. Die so erhaltenen Eichkurven zeigen die Abb. 7 und 8.

Nach Durchführung eines Teiles der Versuche wurde die Eichung wiederholt. Es ergaben sich die gleichen Werte; eine Veränderung des Quarzgebers hinsichtlich seiner Vorspannung und Empfindlichkeit war demnach durch die mechanische Wechselbeanspruchung während der Versuche nicht eingetreten. Beim Eichen ebenso wie bei den Versuchen wurde auf immer gleichbleibende Spannung im Netzteil des Oszillographen geachtet.

Nach Ermittlung ihrer Konstante wurde die Schraubenfeder unter Berücksichtigung des Gewichtes von Stößel, Federteller, Ölfanggefäß und oberer Platte auf eine Rückstellkraft von 20 kg im unteren Totpunkt eingestellt.

Umdrehungszähler und Tachometer wurden auf dem Stand gleichzeitig geeicht.

C. Theoretische Untersuchungen

Betrachtet man ein Volumenelement einer strömenden, zähen Flüssigkeit, so ergibt sich aus der Gleichgewichtsbedingung für Druck- und Scherkräfte bei Laminarströmung unter Vernachlässigung der Massenkräfte die Grundgleichung

$$\frac{\partial p}{\partial x} = \frac{\partial^2 v_0}{\partial y^2} \eta . \tag{1}$$

Dabei gilt für die Scherspannungen das *Newton*sche Gesetz

$$\tau = \frac{\partial v_0}{\partial y} \eta \quad [\mathrm{kg} \cdot \mathrm{cm}^{-2}] . \tag{2}$$

Legt man die Gleichung (1) dem Fall zugrunde, daß sich die zähe Flüssigkeit zwischen zwei kreisrunden, ebenen und parallelen Platten vom Abstand h_y befindet und diese eine relative Tangentialgeschwindigkeit $(U_0 - U_1)$ und eine relative Normalgeschwindigkeit $(c = dh_y/dt)$ haben, so ergibt sich für den Druck in der Flüssigkeit nach *Reynolds*

$$\frac{\partial}{\partial x}\left(h_y^3 \frac{\partial p}{\partial x}\right) + \frac{\partial}{\partial z}\left(h_y^3 \frac{\partial p}{\partial z}\right) = 6 \cdot \eta \left[(U_0 - U_1) \frac{\partial h_y}{\partial x} + 2\,c\right] . \tag{3}$$

Wenn — wie im vorliegenden Falle — keine Tangentialgeschwindigkeit vorhanden ist und sich h_y mit x nicht ändert, so gilt

$$U_0 - U_1 = 0 \quad \text{und} \quad \partial h_y / \partial x = 0 .$$

Damit folgt

$$h_y^3 \left(\frac{\partial^2 p}{\partial x^2} + \frac{\partial^2 p}{\partial z^2}\right) = 12 \cdot \eta \cdot c . \tag{4}$$

Mehrmaliges Integrieren ergibt die Kraft, die senkrecht zu den Plattenflächen auf diese ausgeübt wird,

$$P = \frac{3 \cdot \pi \cdot \eta\,(D/2)^4}{2 \cdot h_y^3} \cdot c \quad [\mathrm{kg}] . \tag{5}$$

Diese Gleichung wird sowohl von *Gümbel-Everling* [2] als auch von *Needs* [3] angegeben.

Um den zeitlichen Verlauf der Flüssigkeitskräfte zu ermitteln, werden der Normalabstand der Platten h_y (Spaltweite) und die relative Normalgeschwindigkeit c durch eine Funktion des Exzenterwinkels ausgedrückt (Abb. 9). Wenn der Nullpunkt in den oberen Totpunkt der oberen Platte gelegt wird, so wird, da die Bewegung der oberen Platte kinematisch die gleiche ist wie die Kolbenbewegung in einem Kurbeltrieb mit unendlicher Pleuelstangenlänge, der Weg der Platte in Abhängigkeit vom Exzenterwinkel

$$y = r - r \cdot \cos \alpha \qquad (6)$$

und die Geschwindigkeit in y-Richtung

$$\frac{dy}{dt} = c = \omega \cdot r \cdot \sin \alpha = \frac{\pi \cdot n}{30} \cdot r \cdot \sin \alpha \quad [\mathrm{cm} \cdot \mathrm{s}^{-1}]\,. \qquad (7)$$

Für die einem beliebigen Exzenterwinkel zugehörige Spaltweite h_y gilt dann

$$h_y = h - y = h - r + r \cdot \cos \alpha = 2\,r + h_0 - r + r \cdot \cos \alpha$$

$$h_y = h_0 + r + r \cdot \cos \alpha\,. \qquad (8)$$

Mit Gleichung (7) und (8) ergibt sich für die Flüssigkeitskraft senkrecht zu den Plattenflächen in Abhängigkeit vom Exzenterwinkel α (bzw. bei konstanter Winkelgeschwindigkeit ω in Abhängigkeit von der Zeit)

$$P = \frac{\pi^2 \cdot r \cdot (D/2)^4}{20} \cdot \eta \cdot n \frac{\sin \alpha}{(h_0 + r + r \cdot \cos \alpha)^3} \quad [\mathrm{kg}]\,. \qquad (9)$$

Unter Zugrundelegung solcher Werte, die bei der benutzten Apparatur verwirklicht werden können, ist ein Beispiel durchgerechnet worden; der Verlauf der Kräfte mit der Drehzahl als Parameter ist in Abb. 10 dargestellt. Auch Abb. 11 zeigt den Verlauf der Druckkräfte (die Zugkräfte sind spiegelbildlich gleich) mit der minimalen Spaltweite h_0 als Parameter.

Wie aus Abb. 11 ersichtlich, erreichen die Flüssigkeitskräfte bei veränderter Spaltweite h_0 ihr Maximum zu verschiedenen Zeiten. Um den Exzenterwinkel α_m zu finden, für den die Kräfte ein Maximum durchlaufen, wird der Differentialquotient $dP/d\alpha$ gebildet. Es ergibt sich

$$\frac{dP}{d\alpha} = \frac{\pi^2 \cdot \eta \cdot n \cdot r\,(D/2)^4}{20\,(h_0 + r + r \cdot \cos \alpha)^4} [(h_0 + r) \cos \alpha + r \cdot \cos^2 \alpha + 3\,r \cdot \sin^2 \alpha]$$

und nach $dP/d\alpha = 0$

$$\cos \alpha_m = \frac{h_0 + r}{4r} - \sqrt{\frac{3}{2} + \left(\frac{h_0 + r}{4r}\right)^2}. \quad (10)$$

Die Exzenterstellung, bei der die Maximalkräfte erreicht werden, ist also unabhängig vom Plattendurchmesser, von der Drehzahl und Zähigkeit der Flüssigkeit und nur abhängig von der minimalen Spaltweite h_0 und der Exzentrizität r. Da die Exzentrizität r eine Apparatekonstante darstellt, kann eine Funktion unmittelbar zwischen der Spaltweite h_0 und dem Exzenterwinkel α_m aufgestellt werden, bei dem die Kräfte ihr Maximum erreichen. Es ergibt sich eine Parabel, die in Abb. 12 wiedergegeben ist.

Der Flüssigkeitdruck p ist in der Mitte der Kreisfläche am größten, verteilt sich nach außen nach einer Parabel und ist im äußeren Ringspalt $\left(x \text{ bzw. } z = \frac{D}{2}\right)$ gleich Null. Er wird also räumlich dargestellt durch ein Paraboloid über der Kreisfläche.

Um Aufschluß über die Ausströmgeschwindigkeit v in radialer Richtung der Platten im äußersten Ringspalt zu erhalten, wird zunächst angenommen, daß sich diese Radialgeschwindigkeit v mit y nicht ändert ($dv/dy = 0$). Mit dieser Annahme errechnet sich die mittlere Ausströmgeschwindigkeit im äußeren Ringspalt aus der Kontinuitätsgleichung zu

$$v_m = \frac{D \cdot \pi \cdot n \cdot r}{120} \left(\frac{\sin \alpha}{h_0 + r + r \cdot \cos \alpha}\right) \ [\text{cm} \cdot \text{s}^{-1}]. \quad (11)$$

Der Exzenterwinkel, bei dem die Radialgeschwindigkeit ihr Maximum erreicht, ergibt sich aus

$$\frac{dv_m}{d\alpha} = 0 = \frac{D \cdot \pi \cdot n \cdot r}{120\,(h_0 + r + r \cdot \cos \alpha)^2} \left[(h_0 + r) \cos \alpha + r \cdot \cos^2 \alpha + r \cdot \sin^2 \alpha\right]$$

und wird

$$\cos \alpha_v = -\frac{r}{h_0 + r}. \quad (12)$$

Bemerkenswert ist hierbei, daß die Exzenterwinkel, bei denen einerseits die höchsten Flüssigkeitskräfte und andererseits die höchsten radialen Ausströmgeschwindigkeiten auftreten, nicht identisch sind. Vielmehr wird beispielsweise für $h_0 = 0{,}05$ und $r = 0{,}68$ mm die höchste Kraft P_{+max} bei $\alpha_m = 170°10'$ und die höchste Ausströmgeschwindigkeit bei $\alpha_v = 158°50'$ erreicht, d. h. das Kraftmaximum eilt zeitlich nach.

Es wurde bisher mit einer mittleren Ausströmgeschwindigkeit v_m gerechnet und somit angenommen, daß eine Änderung der Geschwindigkeit über den Spalt nicht auftritt. In Wirklichkeit ist jedoch die Geschwindigkeit in der Mitte des Spaltes am größten, unmittelbar an den Platten aber gleich Null.

In erster Näherung kann eine parabolische Geschwindigkeitsverteilung über den Spalt angenommen werden, und die höchste Strömungsgeschwindigkeit in der Mitte wäre dann

$$v_{max} = \frac{3}{2} \cdot v_m \quad [\mathrm{cm} \cdot \mathrm{s}^{-1}]. \tag{13}$$

Der Verlauf der mittleren Flüssigkeitsbeschleunigung in radialer Richtung im äußeren Ringspalt wird dargestellt durch

$$b_m = \frac{d\,v_m}{d\,t} = \frac{\pi^2 \cdot n^2 \cdot D \cdot r}{3600} \cdot \left[\frac{r + (h_0 + r)\cos\alpha}{(h_0 + r + r \cdot \cos\alpha)^2}\right] \quad [\mathrm{cm} \cdot \mathrm{s}^{-2}]. \tag{14}$$

Ein Beispiel für den Verlauf der Radialgeschwindigkeit und -beschleunigung im äußeren Ringspalt ist in den Abb. 13 und 14 wiedergegeben.

Nachdem die mittlere Beschleunigung bekannt ist, können die Massenkräfte überschlägig berechnet werden.

Beispielsweise ergeben sich zur Zeit des Auftretens der maximalen Flüssigkeitskräfte während einer Schwingung bei einer minimalen Spaltweite $h_0 = 0{,}05$ mm ein Plattenabstand von 0,0604 mm und damit eine zwischen den Platten befindliche Ölmenge von $19 \cdot 10^{-3}\,\mathrm{cm}^3$, wenn der Durchmesser mit 20 mm festgelegt wird. Bei einem spezifischen Gewicht des Öles von $0{,}9\,\mathrm{g} \cdot \mathrm{cm}^{-3}$ stellt das Volumen eine Masse von $1{,}75 \cdot 10^{-5}\,\mathrm{g} \cdot s^2 \cdot \mathrm{cm}^{-1}$ dar. Die mittlere Radialbeschleunigung bei einer Drehzahl $n = 1000\,\mathrm{min}^{-1}$ beträgt zu diesem Zeitpunkt rund $400\,\mathrm{m} \cdot \mathrm{s}^{-2}$. Mit diesen Werten errechnet sich die Massenkraft zu 0,7 g. Massenkräfte können also bei den hier vorliegenden Verhältnissen vernachlässigt werden.

D. Versuchsflüssigkeiten

Aus den Vorräten des Laboratoriums wurden fünf mineralische Markenöle und drei synthetische Schmierflüssigkeiten ausgewählt. Die Markenöle aus dem Grunde, weil heute noch bei keinem Öl genaue Angaben über seine chemisch-physikalische Konstitution gemacht werden können und man sich bei der Beurteilung eines Öles hinsichtlich seines Verhaltens beim praktischen Einsatz auf die Praxis selbst oder auf Versuche unter der Praxis angenäherten Verhältnissen verlassen muß. Die synthetischen Stoffe deshalb, um eine weitgehende Gegensätzlichkeit zu den Mineralölen zu erhalten, die sich sämtlich schon in der Praxis bewährt haben.

Eine Zusammenstellung aller erhältlichen physikalischen und chemischen Daten zeigt Abb. 15.

Die Kennzahlen wurden verschiedenen Quellen entnommen, und es wurde dabei festgestellt, daß besonders hinsichtlich der Zähigkeit mitunter stark voneinander abweichende Angaben gemacht werden. Besondere Abweichungen zeigen die Schmierstoffe 1, 2 und 6. Besonders gut deckten sich die Werte bei Öl 4, anscheinend ein Zeichen einer besonderen Stabilität dieses Öles.

Weitere Vergleichswerte, die mit den besonderen Prüfgeräten des Laboratoriums (vgl. [4]) gewonnen wurden, enthält Abb. 48.

E. Versuchsdurchführung

Bei Vorversuchen hatte sich eine Spaltweite von 0,05 mm als günstig erwiesen und deshalb wurde — soweit nicht besonders vermerkt — mit dieser minimalen Spaltweite weitergearbeitet.

Soweit es sich um Versuche handelt, bei denen die Drehzahlabhängigkeit der maximalen Kräfte festgestellt werden sollte, wurde der Drehzahlbereich mit steigender Drehzahl durchfahren, und zwar so, daß sich eine Messung an die andere ohne größeren Zeitabstand dazwischen anschloß. Während kurzer Versuchspausen (Auswechslung der Trommel) lief die Maschine mit der eingestellten Drehzahl weiter, in keinem Falle wurde sie zwischendurch abgestellt. Bei Beginn der Messungen mit der niedrigsten Drehzahl erfolgte die erste Messung bereits nach wenigen Umdrehungen ohne Einlauf. Bei stark viskosem Öl ergaben sich bei höheren Drehzahlen bei der größten Empfindlichkeit des Oszillographen (Empfindlichkeitsstufe 1) zu große Ausschläge. Es wurde dann die 2. bzw. 3. Empfindlichkeitsstufe benutzt, für die die Eichung ebenfalls durchgeführt worden war (siehe Abb. 7 und 8).

Zur Kontrolle der Versuchstemperatur diente ein abgewinkeltes Quecksilberthermometer, das in die Versuchsflüssigkeit eintauchte. Zur Temperaturerhöhung wurde die Wärmestrahlung einer 200-Watt-Glühlampe, zur Kühlung ein Ventilator benutzt. Nach jeder Regulierung wurde etwa 20 bis 30 Minuten gewartet, bis ein Temperaturausgleich im Versuchsöl und allen damit in Berührung kommenden Metallteilen stattgefunden hatte. Allgemein wurde darauf geachtet, daß die Raumtemperatur der Versuchstemperatur entsprach und eine Nachregulierung nur in einzelnen Fällen nötig war. Im Mittel wurden Temperaturschwankungen von $\pm 0{,}1^\circ$ C, maximal $\pm 0{,}3^\circ$ C beobachtet. Wie aus späteren Versuchen hervorgeht, hat eine solche Schwankung wesentlich geringeren Einfluß auf die gemessenen Druck- und Zugkräfte als andere noch aufzuzeigende Effekte.

Bei der Versuchsdurchführung wurde darauf geachtet, daß die Zahl der Umdrehungen für die 14 bzw. 16 Messungen über den Drehzahlbereich von 40 bis 800 bzw. 1000 min^{-1} immer in den Grenzen von 3000 bis 3500 lag und somit keine Viskositätsveränderung infolge etwaiger übermäßiger Laufbeanspruchung eintrat, die unvermeidlichen Veränderungen vielmehr bei jedem Versuch etwa die gleichen blieben.

Zur Aufzeichnung des Schwingungsverlaufes wurde der Fotopapierstreifen (440 × 90 mm) für 5 bis 6 Schwingungen ausgenutzt und dazu die Drehzahl der Trommel mit Hilfe der eingebauten Stroboskopscheibe entsprechend einreguliert. Nachdem der zeitliche Verlauf der Druck- und Zugkräfte während einer Umdrehung des Exzenters unter verschiedenen Bedingungen bekannt war, wurde nur mehr Wert auf die Aufzeichnung der Druck- und Zugmaxima gelegt. Hierbei wurde die Registrierung von je 20 bis 60 Schwingungen (bei höheren Drehzahlen mehr) bei einem Drehzahlbereich von 40 bis 1000 min^{-1} (gleich 16 Stufen) auf einem Streifen vorgenommen, indem der Transport der Trommel über ein Schneckengetriebe von Hand so langsam bewerkstelligt wurde, daß die Schwingungen als senkrechte Gerade erschienen und damit der Mittelwert graphisch leicht gefunden werden konnte. Die Abweichungen vom Mittelwert werden später noch ausführlich besprochen (F 3).

Die allgemeine Tendenz ist die, daß die Streuungen der Einzelwerte um so größer sind, je kleiner Plattendurchmesser, Spaltweite und Drehzahl sind.

Bei Ölwechsel wurde eine Reinigung sämtlicher mit dem Versuchsöl in Berührung kommender Bauteile vorgenommen. Dazu wurde der Exzenter von der Motorwelle abgezogen und die Ringwandung des Ölgefäßes abgeschraubt. Ein Ausbau der Platten erfolgte nicht. Beim Zusammenbau wurde darauf geachtet, daß die obere Platte mit Hilfe einer angebrachten Marke wieder die gleiche Stellung zur unteren einnahm. Zur Vorreinigung wurde Trichloraetylen und danach mit Petroläther vergällter Alkohol benutzt. Die endgültige Reinigung geschah mit einem mit reinem Alkohol getränkten und danach mit einem trockenen Wattebausch, der mit Hilfe einer Pinzette geführt wurde.

F. Versuche und deren Auswertung

1. *Vorversuche*

Obwohl von vornherein anzunehmen war, daß bei den Versuchen von *Heidebroek* und *Pietsch* [1] nur geringe Kräfte auftraten (siehe C) und man diese mit den zur Verfügung stehenden Hilfsmitteln nicht genau genug werde messen können, wurde der Versuch unter ähnlichen Bedingungen mehrmals wiederholt. Bei einem Plattendurchmesser von 4 mm, einem Stößelhub von 1,36 mm und einer geringsten Spaltweite von etwa 0,01 mm wurden mit einer mittleren Drehzahl von etwa 2000 min^{-1} und einem Stahl St 34 als Plattenwerkstoff die Laufzeiten bestimmt, nach denen eine Zerstörung der Oberflächen mit jeweils dem gleichen Öl einsetzte. Während des Laufes wurden Gasbläschen beobachtet, die sich, vom Spalt zur Öloberfläche aufsteigend, wie ein feiner, dichter Schleier um den oberen zylindrischen Stempel legten. Der Durchmesser der Bläschen war wesentlich kleiner als bei den späteren Versuchen mit geringeren Drehzahlen und größerem Plattendurchmesser.

Abgesehen davon, daß die auftretenden Kräfte sehr klein waren und der Verlauf durch Nebenschwingungen stark gestört war, konnten die Ergebnisse nicht reproduziert werden, weil eine Einstellung der Spaltweite nicht mit der dazu nötigen Genauigkeit erfolgen konnte. Um genaueren Aufschluß über die Ölkräfte zwischen den Platten zu erhalten, mußte die Spaltweite vergrößert werden, da hierbei der prozentuale Einstellfehler herabgesetzt wird. Das bedingt eine Vergrößerung der Plattendurchmesser, wenn die Kräfte auch bei geringeren Drehzahlen, wobei sich der Vorteil größerer Störfreiheit ergibt, gemessen werden sollten. Als günstig wurde ein Durchmesser von 20 mm gefunden. Unter den neuen Bedingungen zeigten sich dann Effekte, die das Hauptaugenmerk auf die Versuchsflüssigkeit — in den meisten Fällen Mineralöle — lenkten.

Ohne etwas an der Einstellung der Apparatur zu ändern, wurden nämlich mit der gleichen Flüssigkeit Kräfte gemessen, die in ihrer absoluten Größe und ihrem zeitlichen Verlauf sehr verschieden ausfielen, und zwar in einem Maße, daß von einer schlechten Reproduzierbarkeit nicht mehr die Rede sein konnte. Durch systematische Versuche konnte geklärt werden, welche Rolle die Vorgeschichte des Öles hinsichtlich mechanischer Beanspruchung und Ruhezeit spielt.

Anschließend sollen einige typische Versuche näher erläutert werden, die für alle solche Versuche und Betriebszustände von grundsätzlicher Bedeutung sind, bei denen geringe Ölmengen unter Erzeugung von Über- und Unterdrücken periodisch mechanisch beansprucht werden.

2. *Vergleich des theoretischen und gemessenen zeitlichen Kraftverlaufes, kritische Betrachtung der Versuchsanlage*

Aus dem mannigfaltigen Versuchsmaterial sei ein typischer Fall herausgegriffen, der auf einer Versuchsdurchführung beruht, die auch bei Ölvergleichsversuchen angewendet wurde.

1. Mit frischem Öl aus der Vorratsflasche (Vaktra mittelschwer) wurde unmittelbar nach dem Einfüllen des Öles der zeitliche Kraftverlauf in 16 Stufen innerhalb eines Drehzahlbereiches von 40 bis 1000 min^{-1} (siehe Abb. 22) bei steigender Drehzahl aufgenommen. Diese Kurven sind in den Abb. 16 bis 21 mit 1 bezeichnet.
2. Sofort anschließend wurde die gleiche Ölfüllung (etwa 20 cm^3) einer mechanischen Dauerbeanspruchung unterzogen, indem die Maschine ohne Unterbrechung 150000 Umdrehungen bei einer mittleren Drehzahl von 550 min^{-1} (entspricht einer Laufzeit von etwa 4,5 Stunden) laufen gelassen wurde. Hierauf erfolgte die gleiche Messung wie unter 1. Die erhaltenen Oszillogramme sind mit 2 bezeichnet.
3. Nach diesen Versuchen blieb das gleiche Öl in der Apparatur unter Luftzutritt ruhig und ohne jede mechanische Beanspruchung stehen, worauf wiederum die Oszillogramme

bei den gleichen 16 Drehzahlstufen aufgenommen wurden (Kurven 3, in Abb. 18 bei 240 min^{-1} Kurven 3 und 4).

Die gewonnenen Oszillogramme sind auswahlweise für die Drehzahlen 80, 160, 240, 320, 400 und 600 min^{-1} in den Abb. 16 bis 21 im Vergleich mit der errechneten Kurve wiedergegeben. An der Apparatur wurde während des gesamten Versuchsablaufes nichts geändert oder verstellt.

Was die gemessenen Druckkräfte anbelangt, so steigen diese im Vergleich zu den errechneten Werten im allgemeinen rascher an. Während aber bei niederen Drehzahlen die Maximalkräfte bei Versuchsdurchführung 1 und 3 wesentlich höher liegen als die theoretischen, kehrt sich dieses bei höheren Drehzahlen um und das Verhältnis von gemessenen zu den theoretischen Maximalwerten wird mit steigender Drehzahl immer kleiner. Beispielsweise ist das Verhältnis bei $n = 80\ min^{-1}$ für Kurve 1 (Frischöl) 1,85, bei $n = 600\ min^{-1}$ dagegen 0,54. In allen Fällen wird das Maximum um etwa 2 bis 7° EW früher erreicht als theoretisch berechnet. Bei Versuchsdurchführung 2 steigen zwar die Druckkräfte bei Beginn des Druckberges im allgemeinen ebenfalls stärker an, aber die Maximaldruckkraft erreicht weder bei niederen noch bei höheren Drehzahlen die theoretische. Bei $n = 80\ min^{-1}$ ergibt sich ein Verhältnis von 0,44, bei $n = 600\ min^{-1}$ ein solches von 0,35.

Bei Versuchsdurchführung 3 werden bei Drehzahlen bis 240 min^{-1} relativ sehr hohe Zugkräfte gemessen. Für 80 min^{-1} liegt die Verhältniszahl bei 4,1; für $n = 240\ min^{-1}$ bei 2,3. Mit Versuchsdurchführung 1 ergibt sich bei einer Drehzahl von 160 min^{-1} für den gemessenen Maximalwert etwa der gleiche wie der theoretische, nur fällt die Kurve weniger rasch ab als die errechnete. Die Maxima der Kurven 2 erreichen den theoretischen Wert in keinem Falle. Eine Erklärung für die Abweichungen der gemessenen gegenüber den theoretischen wird weiter unten gegeben. Bei den Zugkräften wirkt sich die Dampfblasenbildung besonders stark aus, deren Einsatz — was betont werden soll — bei sehr unterschiedlichen Drehzahlen erfolgte.

Bei dem hier herausgegriffenen Versuch mit dem Öl Vaktra mittelschwer wurden bei der Drehzahl $n = 240\ min^{-1}$ (Abb. 18) zeitlich in kurzem Abstand aufeinanderfolgend zwei Kurven (3 und 4) aufgezeichnet, wobei 4 gegenüber 3 einen Zusammenbruch des Zugberges zeigt, ohne daß die Drehzahl geändert worden wäre. Dieser plötzliche Abfall der Zugkräfte konnte des öfteren beobachtet, aber nur in einigen Fällen oszillographisch aufgezeichnet werden, da er unregelmäßig auftritt. Die Beobachtung des Öles ergab, daß in diesem Augenblick Gasbläschen auftraten, die vordem nicht zu verzeichnen gewesen waren. Diese erschienen im unteren Totpunkt des Stößels als ungleichmäßige Perlenschnur rings um den Spalt zwischen den beiden Platten. Beim Aufwärtsgang wurden sie wieder in den Spalt hineingesaugt. Ein Aufsteigen der Bläschen zur Oberfläche fand erst bei höheren Drehzahlen statt. Aus Abb. 22 ist zu ersehen, daß bei Versuch 3 bis zu einer Drehzahl von 240 min^{-1} eine reine Ölströmung vorhanden gewesen ist, während im Augenblick des Zusammenbruches und bei höheren Drehzahlen das Öl mit Gasbläschen durchsetzt war und mit diesem inhomogenen Gemisch bedeutend niedrigere Kräfte gemessen wurden. Im allgemeinen herrschte bei den Versuchen der letztere Betriebszustand vor. Die vor, während und nach dem Einsatz der Bläschenbildung gemessenen Maximalkräfte sind in einem Strichdiagramm (Abb. 23) nochmals gesondert aufgezeichnet. Bei der eingestellten Drehzahl von 240 min^{-1} wurden insgesamt 54 einander folgende Schwingungen auf ein Oszillogramm aufgezeichnet. Die in Abb. 18 dargestellten Kurven 3 und 4 sind hier mit einem Kreuz bezeichnet, dazwischen liegen 39 Umdrehungen. Ohne daß zunächst größere Schwankungen als die übliche Streuung (siehe F 3) auftreten, sinken die Zugkräfte im Augenblick des ersten Auftretens von Bläschen im Zeitraum von 2 Sekunden = 8 Umdrehungen auf etwa 40% des Mittelwertes bei reiner Ölströmung ab. Die Druckkräfte fallen während der 54 Umdrehungen nur in ganz geringem Maße, ein Sprung ist nicht zu beobachten. Bemerkenswert ist, daß der Einsatz der Blasenbildung nicht bei einer allmählichen Steigerung der Drehzahl und bei Erreichen einer bestimmten Zugkraft, sondern nach einem ungewissen Zeitraum bei konstanter Drehzahl auftrat.

Bei Versuch 1 erfolgte der Zusammenbruch schon bei einer Drehzahl von etwa 80 min^{-1}, wobei im gleichen Augenblick auch ein Abfall der Druckkräfte zu beobachten war, eine Erscheinung, die sich während der Versuche nur noch einmal wiederholte. Wenn die Bläschenbildung einmal eingesetzt hat, hört sie auch bei geringeren Drehzahlen nicht wieder auf und demzufolge ist sie auch beim gesamten Ablauf von Versuch 2 vorhanden.

Die Erklärung für das Abreißen der Strömung und der Bildung von Gaseinschlüssen liegt zu einem Teil in der Eigenschaft der Schmieröle, Gase in sich zu lösen, wobei die Sättigung in erster Linie vom Druck und der Temperatur abhängt, zum anderen Teil in der Erreichung des Verdampfungspunktes bei Erniedrigung des Druckes. Wahrscheinlich spielt aber auch die Konstitution des Öles nach mechanischer Beanspruchung eine Rolle. Sobald das Öl einem bestimmten Sog oder Unterdruck (Zugkräfte beim Aufwärtsgang der oberen Platte) ausgesetzt wird, gibt es einen Teil der gelösten Gase wieder frei bzw. es beginnt zu verdampfen und es kommt zu Blasen- oder bei stärkerer Entwicklung zu Ölschaumbildung, einer bekannten Erscheinung bei Lagern und Getrieben.

Bei den Betriebsbedingungen, die während der Versuche von *Heidebroek* und *Pietsch* an der Stößelmaschine herrschten, ist sehr wahrscheinlich ebenso wie bei den eigenen, unter F 1 beschriebenen Versuchen Blasenbildung aufgetreten, und der Schluß liegt sehr nahe, für die Zerstörung des metallischen Werkstoffes Kavitationserscheinungen verantwortlich zu machen.

Je höher die Drehzahl wird, um so stärker machen sich Schwingungen im mechanischen Teil der Anlage bemerkbar, die sich auch auf die Ölkräfte besonders im Druckmaximum und dessen zeitlicher Nähe auswirken. Deswegen und weil sich im Drehzahlbereich von etwa 1000 bis 2500 min^{-1} nichts wesentlich Neues ergab, wurden die Kräfte im allgemeinen nur bis 1000 min^{-1} gemessen.

Als allgemeines Versuchsergebnis ist für das verwendete Öl festzustellen, daß nach einer mechanischen Dauerbeanspruchung des Öles die zur vorgegebenen Strömung nötigen Kräfte bei weitem geringer sind als für das frische Öl. Nach längerem Stillstand (40 Stunden) ist das Öl wieder zäher geworden, und die Ölkräfte werden größer als die nach der Dauerbeanspruchung und sogar größer als die mit Frischöl gemessenen.

Folgende Faktoren — abgesehen von der Zähigkeit des Öles — können für die Abweichungen der gemessenen von den errechneten Kräften verantwortlich gemacht werden und seien deshalb kritisch betrachtet:

1. Veränderung der Spaltweite infolge Elastizität der Bauteile;
2. Veränderung der Spaltweite, hervorgerufen durch Fliehkräfte;
3. Veränderung der Spaltweite durch Massenwirkung des Stößels;
4. Veränderliche Temperatur innerhalb des Öles;
5. Ungleichförmigkeit der Winkelgeschwindigkeit des Exzenters;
6. Wirkung von Massenkräften in der Flüssigkeit;
7. Abfall der Zähigkeit während des Meßvorganges;
8. Isolationsverluste im Gitterkreis der Eingangs-Verstärkerstufe;
9. Ungenaue Einstellung der minimalen Spaltweite;
10. Strömungsart.

Um Aufschluß über die Größe der Spaltweitenänderung bei Druck- und Zugbelastung zu erhalten, wurde die elastische Verformung des Systems Motor-Exzenterwelle unter senkrecht nach oben wirkenden Kräften mit einer Fühluhr bezogen auf die Stößelmitte gemessən. Es wurde ein linearer Zusammenhang zwischen Durchbiegung und Kraft gefunden, die Konstante ergab sich zu 0,00217 mm · kg^{-1}. Um diesen Wert ändert sich also die Spaltweite gegenüber der kinematischen, wenn eine Flüssigkeitskraft von 1 kg wirksam wird. Ebenso wirken die Kräfte auch auf das elastische System Meßgeber mit Meßplatte und Höhenverstellvorrichtung, nur sind hier die Wege ganz bedeutend geringer und praktisch zu vernachlässigen.

Wie sich Durchbiegung und damit Spaltweite verändern, wenn im Lauf Flüssigkeitskräfte auftreten, soll unter Zuhilfenahme einer Schemaskizze (Abb. 24) untersucht werden. Die Schraubenfederkraft P_F, die die Rückführung des Stößels bewirkt und die immer nach oben gerichtet ist, ruft eine immerwährende Durchbiegung des Wellenstumpfes hervor. Wie schon erwähnt, ist diese in geringem Maße von der Exzenter- bzw. Stößelstellung abhängig, weil die Schraubenfeder im unteren Totpunkt eine Kraft von 20,0 kg und im oberen Totpunkt dagegen nur eine solche von 18,2 kg ausübt, was einer relativen Spaltweitenverkleinerung von 3,9 μ im oberen Totpunkt entspricht. Da aber die Kräfte in der Nähe des *OT* sowieso nur ganz gering sind und meistens nur die Maximalkräfte gemessen werden, ist diese Veränderung belanglos.

Unter einer Federbelastung von 20,0 kg und einer dementsprechenden Durchbiegung der Welle wird im *UT* die Spaltweite h_0 eingestellt. Auch bei einer Zwischenstellung der bewegten Platte h_y ergibt sich etwa die gleiche Durchbiegung (Abb. 24, Fall 1). Zur Abwärtsbewegung der oberen Platte bei Verdrängung der Flüssigkeit aus dem Plattenspalt unter Überdruck (Fall 2) ist eine nach unten gerichtete Kraft erforderlich; die in gleicher Richtung wie die Federkraft wirkende Reaktionskraft erhöht die Durchbiegung, und die Spaltweite wird größer als diejenige, die ohne Flüssigkeitskräfte aufgetreten wäre. Für die bei der Aufwärtsbewegung (Unterdruck zwischen den Platten) benötigten Kräfte (Fall 3) muß in vollem Umfang die Schraubenfeder aufkommen, wodurch sich die freie Federkraft verringert und die ohne Flüssigkeitskräfte erzeugte Durchbiegung verkleinert wird.

Infolge der Vergrößerung der Spaltweite während des Abwärtsganges und der Verkleinerung bei Aufwärtsgang der oberen Platte ergeben sich selbst bei geringen Änderungen starke Rückwirkungen auf die gemessenen Flüssigkeitskräfte, da diese nach der hydrodynamischen Theorie der dritten Potenz der Spaltweite umgekehrt proportional sind.

Allgemein werden also Druckkräfte zu klein und Zugkräfte zu groß gemessen. Je größere Kräfte im gesamten System auftreten, in um so stärkerem Maße werden die gemessenen Kräfte von den theoretischen abweichen, d. h. umgekehrt, daß z. B. kleine Druckkräfte weniger klein gemessen werden als größere, während kleine Zugkräfte in geringerem Maße größer erscheinen als größere (ein rechnerischer Beweis dafür folgt unter F 5). Damit erklärt sich weitgehend der Verlauf der maximalen Druckkräfte mit steigender Drehzahl (siehe Abb. 22). Daß das Maximum der Druckkraft mit steigender Drehzahl immer eher erreicht wird (Winkel zwischen Druckmaximum und unterem Totpunkt wird größer), deutet ebenfalls auf eine wachsende Vergrößerung der Spaltweite hin (siehe Abb. 11). Was den Einfluß der Spaltweitenänderung bei zusätzlicher Belastung durch Flüssigkeitskräfte auf die weiteren Reihenversuche mit verschiedenen Schmierflüssigkeiten anbelangt, so ergibt sich aus dem Vorangegangenen, daß diese Versuchsergebnisse, die eine Änderung der Viskosität bei mechanischer Beanspruchung und nach Ruhepausen zeigen, keineswegs gefälscht werden, sondern im Gegenteil an Wert gewinnen, sofern man sich auf einen Vergleich der Druckkräfte beschränkt. In einem absolut starren Versuchsgerät müßten besonders bei höheren Drehzahlen und Viskositäten noch größere Unterschiede der Druckkräfte gemessen werden. Für die Zugkräfte liegen die Verhältnisse gerade umgekehrt, und diese Kräfte werden deshalb bei Vergleichen außer acht gelassen.

Die Fliehkräfte, die aus der exzentrischen Lage des Kugellagers resultieren, sind durch die Befestigungsmutter und -schraube, die entgegengesetzt angeordnet wurden, weitgehend ausgeglichen, so daß bei einer Drehzahl von 1000 min^{-1} eine restliche Fliehkraft von etwa 120 g verbleibt, die in der Nähe des unteren Totpunktes in Richtung einer Vergrößerung der Spaltweite wirken würde, wenn nicht im unteren Totpunkt bei 1000 min^{-1} infolge der Verzögerung sämtlicher abwärtsbewegter Massen (Stößel, Federteller, Schmierölfang und obere Platte) eine Kraft von 220 g frei würde, die der Fliehkraft entgegen gerichtet ist. Die Differenzkraft von etwa 100 g tritt gegen die Flüssigkeitskräfte zurück.

Temperaturgefälle in der Ölschicht dürften keinen wesentlichen Einfluß auf die Messung haben, denn sie würden — hervorgerufen durch die Umsetzung der inneren Ölreibung in Wärme — über eine Erhöhung der Temperatur im Spalt zwischen den Meßplatten und damit über eine Erniedrigung der Ölzähigkeit ebenfalls auf kleinere Kräfte hinwirken. Eine Ungleichförmigkeit der Winkelgeschwindigkeit konnte nur bei sehr niedrigen Drehzahlen (unterhalb etwa 25 min^{-1}) beobachtet werden. Deshalb können Abweichungen von der konstanten Geschwindigkeit, hervorgerufen durch Arbeitsaufnahme der Flüssigkeit und

Arbeitsaufnahme und -abgabe der Feder, bei den Betrachtungen außer acht gelassen werden. Massenwirkungen der bewegten Flüssigkeit können, wie bereits gezeigt (siehe C), keine Rolle spielen. Wie spätere Versuche beweisen, tritt schon während kurzer Laufzeiten eine Viskositätserniedrigung in Erscheinung, die zur Folge hat, daß besonders bei höheren Drehzahlen (Messung mit zunehmender Drehzahl) die gemessenen Kräfte niedriger ausfallen, als wenn eine Beanspruchung während der vorangehenden Messungen nicht aufgetreten wäre. Bei Anwendung der Quarzmeßmethode zur Messung bei niederen Frequenzen besteht die Tendenz, daß infolge von Isolationsverlusten zu geringe Kräfte angezeigt werden.

In Richtung einer Erhöhung der gemessenen Kräfte würde ein negativer Fehler bei der Spaltweiteneinstellung wirken. Selbst wenn man einen Fehler von — 0,01 ($h_0 = 0{,}04$) annimmt, so liegt die Kurve 1 bis 80 min^{-1} immer noch höher als die theoretische. Inwieweit die gemessenen Kräfte von der Strömung der Flüssigkeit beeinflußt werden und ob evtl. ein Umschlag von laminarer in turbulente Strömung erfolgt, konnte mit den zur Verfügung stehenden Mitteln nicht geklärt werden.

Nach dem Vorangegangenen muß die Änderung der Spaltweite bei Beaufschlagung der Anlage mit Flüssigkeitskräften als der maßgebende Faktor zur Erklärung der Unterschiede zwischen den errechneten und gemessenen Kräften angesehen werden. Die Unterschiede zwischen den bei den drei verschiedenen Versuchen gemessenen Kräften müssen jedoch allein der Zähigkeit des Öles zugeschrieben werden, da die aufgezeigten Fehler bei jedem Versuch im gleichen Maße auftreten. Eine Verkleinerung der Druck- und Zugkräfte unter gleichen äußeren Versuchsbedingungen kann nur aus einer geringeren Zähigkeit resultieren. Somit kann gesagt werden, daß bei periodischer Druck- und Zugbeanspruchung von geringen Ölmengen im Verlauf der mechanischen Beanspruchung die Zähigkeit eines Öles abnimmt und danach während einer Ruhepause wieder zunimmt, was sowohl bei reiner Flüssigkeitsströmung als auch bei Anwesenheit von Gasbläschen im Öl gilt. Eine große Anzahl von Versuchen der gleichen Art mit verschiedenen Schmierflüssigkeiten zeigt ohne Ausnahme die gleichen Ergebnisse.

Auf Grund dessen, daß im Augenblick des Zusammenbrechens der Zugkräfte die Druckkräfte sich im allgemeinen (zwei festgestellte Ausnahmen) nicht ändern, kann angenommen werden, daß beim Ausströmen unter Drucksteigerung die Gasbläschen zum Teil mit aus dem Spalt hinausgeführt werden und zum anderen Teil wieder in Lösung gehen. Dagegen kann der Effekt des Wiederinlösunggehens bzw. des Kondensierens mit Steigerung der Drehzahl und Strömungsgeschwindigkeit immer geringer und die niedrigere Zähigkeit des Gas-Öl-Gemisches auch für die Druckkräfte bestimmend werden.

In Abb. 22 sind die maximal bei jeder Drehzahl auftretenden Druck- und Zugkräfte in Abhängigkeit von der Drehzahl nochmals zusammengestellt. Die gemessenen Maximalkräfte weichen stark von der theoretischen Geraden ab. Daß im Bereich kleiner Drehzahlen größere Kräfte gemessen werden, als rechnerisch zu erwarten war, ist sehr wahrscheinlich auf einen außergewöhnlich großen negativen Fehler bei der Spaltweiteneinstellung zurückzuführen, der bei den verhältnismäßig kleinen Druckkräften durch die Spaltweitenvergrößerung nicht ausgeglichen wird. Für die maximalen Zugkräfte ergeben sich noch größere Differenzen — solange die Blasenbildung nicht eingesetzt hat —, weil sich die Verkleinerung der Spaltweite stärker auswirkt als eine Vergrößerung um das gleiche Maß (vgl. Abb. 11). Den Verlauf der Druckkräfte bestimmt bei höheren Drehzahlen die Erweiterung des Spaltes, den der Zugkräfte der Effekt der Blasenbildung. Während die Druckkräfte mit steigender Drehzahl unter immer größer werdenden Abweichungen von den theoretischen Werten weiter zunehmen (in anderen Meßreihen bis zu 2500 min^{-1} untersucht), wobei die Unterschiede zwischen den drei Versuchen erhalten bleiben, streben die Zugkräfte bei allen Versuchen dem gleichen, konstanten Wert zu.

Andere Schmierflüssigkeiten zeigen einen ganz ähnlichen Verlauf der Kräfte, wenn von der besonderen Beeinflussung der Zugkräfte durch den Einsatz der Blasenbildung bei höheren Drehzahlen abgesehen wird; meistens tritt diese schon bei der niedrigsten Meßdrehzahl auf.

3. Versuche zur Frage der Reproduzierbarkeit

Bereits bei der Beobachtung des Kraftverlaufes bei einer gleichbleibenden Drehzahl auf dem Leuchtschirm des Oszillographen mit Hilfe des Kippgerätes konnte festgestellt werden, daß die aufeinanderfolgenden Schwingungen in bezug auf den Verlauf und den Maximalausschlag nicht vollkommen gleich waren. Als Beispiel dafür sei eine Messung mit Shell BC 8 bei 20° C und einer Drehzahl von 300 min^{-1} angeführt. Die Auswertung der Aufnahme von 100 aufeinanderfolgenden Schwingungen (Umdrehungen) nach der Häufigkeit der maximalen Druck- und Zugkraftausschläge zeigen die Abb. 25a und b (siehe auch Abb. 23). Die Abweichungen vom rechnerischen Mittelwert betragen maximal für Druckkräfte etwa $\pm$ 10%, für Zugkräfte etwa $\pm$ 14%. Bei allen weiteren Versuchen, bei denen Versuchspunkte angegeben sind, stellen diese den Mittelwert aus 25 bis 60 aufeinanderfolgenden Schwingungen dar.

Da sich bei Versuchen unter Bedingungen, die in der normalen Versuchspraxis als gleichartig angesehen werden, verschiedentlich größere Abweichungen der Mittelwerte ergaben, wurden systematische Versuche zur Reproduzierbarkeit angestellt.

Als Normalversuch wurde die Drehzahlabhängigkeit der maximalen Druck- und Zugkräfte im Bereich von 40 bis 800 min^{-1} gewählt und dieser Normalversuch unter gleichen Bedingungen mehrmals wiederholt. Aus dem Versuchsmaterial seien einige Beispiele hier angeführt.

In Abb. 26 sind die Ergebnisse von 12 Versuchen eingetragen, für die jeweils Frischöl aus einer Vorratsflasche (1 Liter) entnommen wurde. Die Flasche hatte etwa 1/2 Jahr ruhig an einem dunklen Ort gestanden; der Inhalt war unter Luft abgefüllt worden. Nach jedem Versuch wurde die Apparatur in normaler Weise gereinigt (siehe E). Die einzelnen Werte bei einem Versuch zeigen nur geringe Abweichungen von der typischen Kurve, dagegen bestehen zwischen den einzelnen Versuchen in den Absolutwerten größere Unterschiede. Bei Versuch 1 werden die höchsten, bei Versuch 9 die kleinsten Kräfte gemessen. Bildet man den Mittelwert aus den 12 Versuchen (strichpunktierte Kurve), so ergeben sich über den gesamten Drehzahlbereich die gleichen absoluten Abweichungen von etwa 3 kg. Die prozentualen Abweichungen sind also bei geringen Drehzahlen am größten (etwa 50%). Eine Erklärung dafür ergibt sich aus der Wirkung der Wellendurchbiegung (siehe unter F 2 und F 5).

Besonders die Druckkräfte, aber auch die Zugkräfte bei geringen Drehzahlen, zeigen einen Abfall mit zunehmender Versuchszahl von 1 bis 9. Bei Versuch 10 bis 12 werden wieder höhere Werte als bei 9 erreicht, die sich nur noch wenig voneinander unterscheiden. Die gemessenen maximalen Zugkräfte weichen bei höheren Drehzahlen (ab etwa 200 min^{-1}) nur in geringem Maße vom Mittelwert ab.

Die großen Unterschiede können nicht anders als dadurch erklärt werden, daß sich das Öl im Laufe der langen Ruhezeit verfestigt hatte und mit der ersten Abfüllung die höchsten Kräfte gemessen wurden. Bereits durch das Kippen der Flasche beim Ausgießen tritt eine meßbare Verringerung der Ölzähigkeit als Folge der damit verbundenen mechanischen Beanspruchung ein. Erst beim 9. Versuch wird das Minimum erreicht, und die weiteren Versuche liegen dann innerhalb des normalen Streubereiches.

Abb. 27 gibt Versuche mit der gleichen Ölsorte wieder. Die Kurve 1 wurde mit einer Ölprobe gewonnen, die 37 Tage in der Apparatur unter Luftzutritt gestanden hatte; die Kurven 2, 3 und 4 ergaben sich, als die Vorratsflasche vor dem jeweiligen Abfüllen etwa zehnmal um- und zurückgekippt worden war. Bei Versuch 5 wurde eine Restmenge des bei Versuch 4 beanspruchten Öles zurückgelassen und Frischöl nachgefüllt. Nachdem das Öl in der Flasche wieder 24 Stunden geruht hatte, ergab sich mit Frischöl die Kurve 6, die sich mit 3 deckt, nach Schütteln Kurve 7.

Aus dem Verlauf der Zugkraftkurven beider Diagramme ist zu ersehen, daß bei ausgeruhtem Öl die Blasenbildung erst bei höheren Drehzahlen und nach längerer mechanischer Beanspruchung auftritt.

Allgemein muß aus diesen Versuchen die Lehre gezogen werden, daß der Vorgeschichte der zu untersuchenden Ölprobe außerordentliche Beachtung zu schenken ist, wenn es sich darum handelt, verschiedene Öle miteinander zu vergleichen.

Auch bei andersgearteten Versuchen mit Ölen wurden ähnliche Erscheinungen festgestellt. Darauf soll später noch eingegangen werden (siehe unter H).

4. Versuche mit veränderlicher Spaltweite und einer besonderen Kurvenscheibe

Weniger um eine Abhängigkeit der Ölkräfte von der eingestellten Spaltweite als vielmehr um festzustellen, wie sich die Apparatur bei sehr geringen erzwungenen Spaltweiten verhalten würde, ist eine Meßreihe mit veränderlicher Spaltweite h_0 durchgeführt worden. Unter Berücksichtigung dessen, daß es sich um eine längere Versuchsreihe handelte, wobei eine Veränderung der Ölzähigkeit mit der Dauer der mechanischen Beanspruchung auftreten mußte, wurde das Öl vor dem eigentlichen Versuch bis zu einer Phase mechanisch beansprucht (174000 Umdrehungen bei $n = 600\ \text{min}^{-1}$), wo eine Ab- oder Zunahme der Ölzähigkeit (siehe Abb. 49 und 51) in merklichem Umfange erst in größeren Zeiträumen auftritt. Für jede Spaltweite wurden die maximalen Ölkräfte in Abhängigkeit von der Drehzahl im Bereich von 40 bis 1000 min^{-1} gemessen. Im Bereich kleiner Spaltweiten, wo sich größere Ölkräfte ergeben, macht sich die schon besprochene elastische Verformung in den Bauteilen und Verbindungen bemerkbar, die sich durch eine automatische Veränderung der Spaltweite gegenüber der sich im flüssigkeitskräftelosen Lauf einstellenden Spaltweite auswirkt und dem Versuchsergebnis nur noch bedingten Wert zukommen läßt.

Bei größeren Spaltweiten (etwa 0,15 mm) nehmen die Druck- und Zugkräfte annähernd linear mit der Drehzahl zu (Abb. 28a und b). Gleichzeitig ist auch die Annäherung an die theoretischen Werte am besten. Je kleiner die Spaltweite gemacht wird, um so stärker sind die gemessenen Kurven gekrümmt und um so größer werden die Abweichungen gegenüber den theoretischen Werten. Zum Beispiel ist das Verhältnis von gemessener zu theoretischer Maximalkraft bei einer Drehzahl von 500 min^{-1}

für $h_0 = 0{,}1$ mm 0,71, für $h_0 = 0{,}05$ dagegen 0,28. Das Ergebnis beweist, daß mit kleiner werdender Spaltweite und mithin wachsenden Ölkräften der Unterschied zwischen der nach dem Bewegungsgesetz errechneten und der tatsächlich im Lauf auftretenden Spaltweite immer erheblicher wird und die Rechnung unter Zugrundelegung der im Stand eingestellten Spaltweite und ohne Berücksichtigung der elastischen Durchbiegung ihren Sinn verliert. Alle weiteren Versuche wurden deshalb auf der Basis des Vergleiches von Versuchswerten aufgebaut, die unter gleichen Versuchsbedingungen gewonnen wurden.

Der erste Versuch wurde mit der größten angegebenen Spaltweite durchgeführt, und bei jedem weiteren Versuch wurde die minimale Spaltweite stufenweise verkleinert. Die Einstellung geschah in der Ruhe, nachdem die Nullstellung ermittelt worden war (siehe E). Da die Ölkräfte bei vorgegebener Geschwindigkeit umgekehrt mit der dritten Potenz der Spaltweite zunehmen, ist klar, daß bei abnehmender Spaltweite sehr bald erhebliche Kräfte auftreten, die von den einzelnen Teilen der Anlage aufgenommen bzw. übertragen werden müssen. Wenn im Stillstand und ohne Öl eine Spaltweite Null eingestellt wird, wenn also zwischen Meßplatte und bewegter Platte im unteren Totpunkt kein Zwischenraum besteht und die obere Platte nach Zugabe von Öl in Bewegung gesetzt wird, so müßten theoretisch — unter der weiteren Annahme, daß das System vollkommen starr ist — unendlich hohe Kräfte auftreten, da solche nötig sind, um das Öl zwischen den Platten restlos herauszudrücken und die Spaltweite Null zu erreichen (vgl. Abb. 12).

Gemessen werden dagegen Kräfte endlicher Größe, was als ein weiterer Beweis dafür angesehen werden muß, daß die Spaltweite Null im unteren Totpunkt nicht erreicht wird, daß vielmehr die Ölkräfte elastische Verformungen im System hervorrufen, die auf eine Vergrößerung der Spaltweite hinauslaufen.

Wird schon im Stillstand und ohne Flüssigkeit eine bestimmte Verformung durch entsprechende Einstellung der Meßplattenhöhe derart erzwungen, daß die Spaltweite Null dann eingestellt wird, wenn die obere Platte noch ein gewisses Maß vom unteren Totpunkt entfernt ist (hier nicht ganz sinnrichtig als „negative" Spaltweite bezeichnet), so ergeben sich hierbei im Lauf die gleichen Vorgänge mit verstärkter Wirkung wie oben für die Spaltweite Null geschildert. Es kann niemals unter Herausquetschen sämtlichen Öles (rein hydrodynamisch ohne Berücksichtigung von Grenzflächenvorgängen) eine unmittelbare Kraftübertragung von Platte zu Platte unter metallischer Berührung stattfinden, da der Ausströmungsvorgang des Öles zeitgebunden ist und mit endlich großen Kräften unendlich lange Zeit dauern würde.

Dem durch die Stößelbewegung erzwungenen Strömungsvorgang überlagert sich also ein solcher, der von den elastischen Kräften gesteuert wird, der zeitabhängig ist und nur mittelbar von außen beeinflußt werden kann.

In Abb. 29 sind die gleichen gemessenen Maximalkräfte nochmals in Abhängigkeit von der Spaltweite h_0 für verschiedene Drehzahlen aufgetragen. Wenn keine Abweichung der dynamischen von der kinematischen Spaltweite auftreten würde, so müßten sich die Kurven asymptotisch der Senkrechten über der Spaltweite Null nähern.

Während der Verlauf der Druckkräfte dieses ahnen läßt, zeigen die Zugkraftkurven Überschneidungen, die auf die Überlagerung zweier Erscheinungen zurückgeführt werden: Erstens auf die Blasenbildung im Öl und zweitens auf den sekundären Strömungsvorgang beim Ausgleich der elastischen Verformungen. Der Zeit erfordernde Ausgleich der elastischen Spannungen bei fallenden Flüssigkeitskräften während der Bewegungsperiode von etwa 168 bis 180° EW und der Angleich der veränderten Spaltweite an die kinematische wird dann am weitgehendsten sein, wenn die Drehzahl niedrig ist. Bei hohen Geschwindigkeiten werden die elastischen Verformungen während der Druckperiode selbst bei Beginn der Zugperiode noch zum Teil erhalten sein (auf jeden Fall bei den „negativen" Spaltweiten), weil nicht genügend Zeit zum Ausgleich vorhanden ist, größere Spaltweiten auftreten als bei niedrigen Drehzahlen und entsprechend kleinere Zugkräfte gemessen werden.

Zur Erfassung des sekundären Strömungsvorganges wurde an Stelle des normalen Kreisexzenters eine besondere Kurvenscheibe auf die Motorwelle gesetzt. Der Scheibe wurde eine solche Form gegeben, daß das Bewegungsgesetz, das dem Stößel und der damit verbundenen Platte vom Kreisexzenter im Laufe einer Umdrehung aufgeprägt wird, bereits während einer halben Umdrehung (= 180° EW) abläuft und der Stößel dann während der nächsten halben Umdrehung im unteren Totpunkt in Ruhe verbleibt. Für diese Kurvenscheibe ist die Spaltweite in Abhängigkeit vom Drehwinkel in Abb. 30a dargestellt. Abb. 30b und c zeigen den daraus folgenden Verlauf der Geschwindigkeit und der unter Vernachlässigung der Wellendurchbiegung errechneten Flüssigkeitskräfte. Während der Rast im unteren Totpunkt ($h_y = h_0$) treten danach keine Flüssigkeitskräfte auf, weil die Normalgeschwindigkeit gleich Null und keine Strömung vorhanden ist.

Die Messungen mit verschiedenen Drehzahlen und Spaltweiten zeigen eine um so bessere Verwirklichung des errechneten Kraftverlaufes, je größer die Spaltweiten und je kleiner die Drehzahlen gewählt werden. Bei größeren Flüssigkeitskräften treten Abweichungen in der Art auf, wie sie beispielsweise in Abb. 30d wiedergegeben sind. Der Kraftverlauf wurde bei einer Drehzahl $n = 200$ min^{-1} und einer „negativen" Spaltweite $h_0 = -0{,}03$ mm aufgenommen. Nach dem Anstieg auf 52 kg fällt die Druckkraft nicht wie die errechnete nach 90° Drehwinkel auf Null ab, sondern es folgt ein allmählicher Abfall, der sich über den gesamten Bereich hinzieht, in dem auf Grund der Stößelgeschwindigkeit eigentlich keine Kräfte gemessen werden dürften. Die Tatsache, daß in dem Gebiet der Stößelrast allmählich abfallende Druckkräfte vorhanden sind, beweist die Existenz des sekundären Strömungsvorganges, der durch die rückläufige Verformung der beim Druckanstieg durchgebogenen Welle hervorgerufen wird.

Das Absinken der Druckkraft unter die Nullinie ins Gebiet der Zugkräfte ist wahrscheinlich auf einen Formfehler der Kurvenscheibe zurückzuführen. Beim Zugkraftanstieg kommt es zu einem Abriß der Strömung, wie aus dem senkrechten Abfall und den Schwingungen des Meßgeberkopfes zu ersehen ist.

Außer für einen Plattendurchmesser von 20 mm wurden die Versuche mit veränderlicher Spaltweite auch für Durchmesser der oberen Meßplatte von 8, 12, 16, 24 und 28 mm durchgeführt. Dabei ergab sich nichts wesentlich Neues. Von weiteren Versuchen, vor allem solchen ohne Öl zur Messung der elastischen Kräfte bei „negativen“ Spaltweiten wurde abgesehen, um besonders die Quarzkammer und die Platten nicht zu gefährden.

5. Berechnung der maximalen Flüssigkeitskräfte unter Berücksichtigung der Wellendurchbiegung

Nach den Gleichungen (5) und (8) wird die einer beliebigen Exzenterstellung entsprechende Flüssigkeitskraft dargestellt durch

$$P = \frac{3 \cdot \pi \cdot (D/2)^4 \cdot \eta}{2} \cdot \frac{c}{(h_0 + r + r \cdot \cos \alpha)^3} \quad [\mathrm{kg}]\,.$$

Mit Hilfe der Gleichung (10) kann die Exzenterstellung α_m bestimmt werden, bei der die Flüssigkeitskraft ein Maximum durchläuft. Die maximale Druck- bzw. Zugkraft wird damit

$$P_{\pm\,max} = \frac{3 \cdot \pi \cdot (D/2)^4 \cdot \eta}{2} \cdot \frac{c}{(h_0 + r + r \cdot \cos \alpha_m)^3} \quad [\mathrm{kg}]\,.$$

Dies gilt für ein absolut starres System. In Wirklichkeit tritt aber eine Durchbiegung der Exzenterwelle von $f = 0{,}00217\ \mathrm{mm} \cdot \mathrm{kg}^{-1}$ auf, die sich auf die Druck- und Zugkräfte verschiedenartig auswirkt. Wie schon bekannt, vergrößert sich die Spaltweite bei Druckkräften und bei Zugkräften verkleinert sie sich. Druckkräfte werden also allgemein zu klein und Zugkräfte zu groß gemessen. Die tatsächlich auftretenden Maximalkräfte seien mit P'_{+max} und P'_{-max} bezeichnet, die entsprechenden Winkel mit α_1 und α_2. Die durch diese Kräfte hervorgerufenen Durchbiegungen betragen $f \cdot P'_{+max}$ und $f \cdot P'_{-max}$. Damit wird die tatsächlich auftretende Spaltweite

für Druckkräfte $(h_0 + r + r \cdot \cos \alpha_1) + f \cdot P'_{+max}$

und für Zugkräfte $(h_0 + r + r \cdot \cos \alpha_2) - f \cdot P'_{-max}$.

Beim Erreichen der Kraftmaxima ist die Durchbiegung am größten und die elastischen Kräfte bewirken einen Strömungsvorgang, der sich dem primären überlagert und der ebenfalls nach dem hydrodynamischen Ansatz berechnet werden kann. Wenn Gleichung (5) nach der Normalgeschwindigkeit c aufgelöst wird und die entsprechenden tatsächlichen Werte eingesetzt werden, ergibt sich als Gesamtgeschwindigkeit für Druckkräfte

$$c'_{+} = c + \frac{2 \cdot P'_{+max} [(h_0 + r + r \cdot \cos \alpha_1) + f \cdot P'_{+max}]^3}{3 \cdot \pi \cdot \eta \cdot (D/2)^4} \quad [\mathrm{cm \cdot s^{-1}}] \quad (15)$$

und für Zugkräfte

$$c'_{-} = c + \frac{2 \cdot P'_{-max} [(h_0 + r + r \cdot \cos \alpha_2) - f \cdot P'_{-max}]^3}{3 \cdot \pi \cdot \eta \cdot (D/2)^4} \quad [\mathrm{cm \cdot s^{-1}}], \quad (16)$$

wobei

$$c = \frac{\pi \cdot n}{30} \cdot r \cdot \sin \alpha_m \quad [\mathrm{cm \cdot s^{-1}}].$$

Die exakte Gleichung lautet damit für Druckkräfte

$$P'_{+max} = \frac{\dfrac{3 \cdot \pi \cdot \eta \cdot (D/2)^4}{2} \left\{ c + \dfrac{2\, P'_{+max} [(h_0 + r + r \cdot \cos \alpha_1) + f \cdot P'_{+max}]^3}{3 \cdot \pi \cdot \eta \cdot (D/2)^4} \right\}}{[(h_0 + r + r \cdot \cos \alpha_1) + f \cdot P'_{+max}]^3} \quad [\mathrm{kg}]. \quad (17)$$

Sie enthält die Flüssigkeitskraft selbst und den Winkel, bei dem diese auftritt, als Unbekannte und kann somit nur näherungsweise gelöst werden.

Für eine Näherungslösung seien folgende Vereinfachungen getroffen:

a) Die Änderung der Geschwindigkeit infolge der Durchbiegung bleibe unberücksichtigt.

b) Die tatsächliche Kraft P'_{+max} werde der Kraft P_{+max} (also der, die im starren System auftreten würde) gleichgesetzt.

c) Der Winkel α_1 werde der Exzenterstellung α_m gleichgesetzt.

Damit ergibt sich eine erste grobe Näherung für die in der Apparatur wirklich auftretende maximale Druckkraft

$$P''_{+max} = \frac{\pi^2 \cdot r \cdot (D/2)^4}{20} \eta \cdot n \frac{\sin \alpha_m}{[(h_0 + r + r \cdot \cos \alpha_m) + f \cdot P_{+max}]^3} \quad [\mathrm{kg}]. \quad (18)$$

Die hiermit zu errechnenden Werte fallen zu klein aus, da die tatsächlich wirkenden Kräfte kleiner sind als die im starren

System und somit mit einer zu großen Durchbiegung gerechnet wird. Für die maximale Zugkraft ergibt sich analog

$$P''_{-max} = \frac{\pi^2 \cdot r \cdot (D/2)^4}{20} \eta \cdot n \frac{\sin \alpha_m}{[(h_0 + r + r \cdot \cos \alpha_m) - f \cdot P_{-max}]^3} \text{ [kg]}. \quad (19)$$

Hierbei fallen die Werte für P''_{-max} zu groß aus, weil der Faktor $f \cdot P_{-max}$ zu groß errechnet wurde.

Die wirklichen Kräfte müssen also zwischen den ohne Durchbiegung und den näherungsweise unter Berücksichtigung der Durchbiegung errechneten Werten liegen. In Abb. 31 sind die auf diese Weise errechneten Kräfte in Abhängigkeit von der Drehzahl bzw. absoluten Zähigkeit dargestellt, und der Vergleich mit einer gemessenen Kurve bestätigt dieses. Immerhin wird also trotz der groben Näherung der Kurvencharakter durch die Rechnung erfaßt.

Wenn berücksichtigt wird, welch erheblicher Fehler bei der Einstellung einer minimalen Spaltweite auftreten kann (der mit der 3. Potenz in die Rechnung eingeht) und in welch weiten Grenzen sich die Zähigkeit der Flüssigkeit ändern kann, so wird ersichtlich, daß der erhebliche Aufwand einer Rechnung mit besserer Näherung nicht gerechtfertigt ist.

6. Einfluß von mechanischer Beanspruchung und Ruhepausen auf die Zähigkeit verschiedener Schmierstoffe

Aus den unter F 3 besprochenen und den im Folgenden zu beschreibenden Versuchen geht hervor, eine wie feinfühlige Eigenschaft der Schmieröle die als Zähigkeit bezeichnete ist und in welch starkem Maße sie oft von scheinbaren Zufälligkeiten abhängt. Wenn Ölvergleichsversuche angestellt werden, bei denen sich solche Zufälligkeiten einschleichen, so ist es leicht möglich, die Unterschiede in den Ergebnissen einem grundsätzlichen Unterschied der Öle zuzuschreiben, der in Wirklichkeit nicht vorhanden ist. In vielen Fällen können veröffentlichte Ölversuche nicht restlos ausgewertet werden, weil keine näheren Angaben über die Versuchsdurchführung gemacht werden. Deshalb wurde in der vorliegenden Arbeit Wert darauf gelegt, alle als wichtig erscheinenden Einzelheiten der Versuchsdurchführung mit anzuführen. Diese Erkenntnis, die teilweise schon früher während der umfangreichen Versuche im Laboratorium für Lager- und Schmierungsforschung gewonnen wurden, gaben Veranlassung, bei den dort auszuführenden Reihenuntersuchungen unter genau den gleichen Bedingungen zu arbeiten, soweit dies praktisch überhaupt möglich ist.

Wie aus den Abb. 32 und 33 hervorgeht, zeigen sich bereits Unterschiede in der Zähigkeit einer Versuchsflüssigkeit (Butylen-Glykol), wenn nach einer Messung bei steigender Drehzahl eine solche mit fallender Drehzahl angeschlossen wird. Die Meßwerte für die Druckkräfte liegen infolge der Beanspruchung während der Messung tiefer als beim ausgeruhten Öl. Bei den Zugkräften ist der Unterschied noch größer, weil die Bläschenbildung, die beim ersten Versuch mit steigender Drehzahl über den unteren Bereich nicht aufgetreten war, erst nach längerem Stehen rückgängig gemacht werden kann.

Die Abb. 34 bis 38 stellen eine Auswahl von Versuchsergebnissen unter voneinander abweichenden Versuchsbedingungen mit fünf verschiedenen Schmierstoffen dar. Die Versuchsmethode ist die gleiche wie unter F 2 beschrieben. Die Laufzeiten liegen in den Grenzen von 157000 und 413000 Umdrehungen, die mittleren Laufdrehzahlen zwischen 240 und 540 min^{-1} und die Ruhepausen zwischen 17 und 21 Stunden. Die gemessenen Höchstkräfte sind nach der Dauerbeanspruchung in allen Fällen bei Anwesenheit von Gasbläschen kleiner als bei Frischöl. Die maximalen Druckkräfte zeigen die Unterschiede deutlicher als die Zugkräfte. Unter den verschiedenen Bedingungen ergeben sich für zwei Schmierstoffe (Abb. 34 und 35) nach der Ruhepause höhere Kräfte und damit höhere Zähigkeiten als mit Frischöl, bei einem Schmierstoff wird die Kurve des Frischöles gerade wieder erreicht (Abb. 36) und bei den übrigen zwei Mineralölen zeigt es sich, daß die Werte des frischen Öles sich noch nicht wieder eingestellt haben. Die synthetischen Schmierstoffe (Abb. 35 und 36) verhalten sich ähnlich wie die natürlichen Mineralöle.

Wenn auch die unterschiedlichen Versuchsbedingungen einen unmittelbaren Vergleich der untersuchten Schmierstoffe nicht zulassen, so erkennt man aus den Ergebnissen doch, wie weit die Zähigkeit je nach Beanspruchungsdauer und Ruhezeit von der des Frischöles abweicht. In bestimmten Fällen kann sie sogar größer werden.

Um die Möglichkeit eines Vergleiches zu haben und zu untersuchen, inwieweit der unterschiedliche Aufbau bei derartigen Beanspruchungen in Erscheinung tritt, wurden sechs verschiedene Schmierstoffe unter genau den gleichen Bedingungen geprüft. Die Abb. 39 bis 44 zeigen das Ergebnis. Die Dauerbeanspruchung betrug bei allen Versuchen 120000 Umdrehungen bei einer mittleren Drehzahl von 300 min^{-1}, die Ruhezeit immer 16,5 Stunden. Was die Zähigkeitskräfte, besonders die Druckkräfte, nach der Dauerbeanspruchung betrifft, so sind diese für die vier Mineralöle und den synthetischen Schmierstoff LK 2200 gegenüber den Frischölkurven 1 stark abgefallen. Lediglich Butylen-Glykol (Abb. 40) ergab weniger starke Verminderung der Zähigkeit. Auch hinsichtlich der Regenerierung während des Stillstandes (Kurve 3) fällt es insofern heraus, als hierbei die Ausgangswerte nicht wieder erreicht werden, während bei allen anderen Schmierstoffen die Frischölwerte überschritten, in einem Fall (Gargoyle DTE mittel) gerade wieder hergestellt werden. Bei letzterem könnte man eine gewisse Verfestigung aus dem Verlauf der Zugkräfte herauslesen. Der Einsatz der Blasenbildung erfolgt nämlich erst unter sehr viel höheren Zugbeanspruchungen als beim Frischöl.

Die Reproduzierbarkeitsversuche hatten starke Schwankungen auch bei Frischöl gezeigt, und es taucht hier die Frage auf, ob die absoluten Unterschiede bei mehreren Versuchen immer wieder auftreten oder — wenn nicht — in welchem Maße die Verhältnisse gewahrt bleiben. Zur Klärung dieser Frage wurden vier gleiche Versuche mit derselben Ölsorte (Shell BC 8) gemacht (Abb. 45). Grundsätzlich wurde das gleiche Ergebnis wie in Abb. 42 gefunden. Nach der Dauerbeanspruchung wurde in allen vier Fällen eine Abnahme, nach der Ruhepause eine Zunahme gegenüber dem Frischöl festgestellt. Aber obwohl bei den in Abb. 45 eingezeichneten drei Streubereichen sämtliche oberen und sämtliche unteren Meßwerte sich entsprechen, bleiben die Unterschiede doch nicht im gleichen Verhältnis gewahrt (siehe

Abb. 47). Dies kann als Zeichen dafür angesehen werden, daß der Mechanismus der Aggregation und Disgregation der Moleküle bzw. Micellen nicht immer in genau der gleichen Weise verläuft und scheinbar von allerlei Zufällen abhängt. Diese Anschauung wird durch die Versuche gefestigt, die in Abb. 46 diagrammatisch wiedergegeben sind. Nach einer mehrmaligen Dauerbeanspruchung einer Ölfüllung wurden mit dieser die Ölkräfte in Abhängigkeit von der Drehzahl nach verschieden langen Ruhezeiten gemessen. Es ist eine allmähliche Abnahme der Druckkräfte mit Fortschreiten der Ruhepause zu verzeichnen. Nach etwa 4 bis 5 Tagen wird die Kurve erreicht, die der früheren Frischölkurve entspricht. Demgegenüber ist anscheinend mit den Ruhepausen das Vermögen des Öles gesteigert worden, sich bei Zugbeanspruchung der Blasen- und Ölschaumbildung zu widersetzen (Zugkraftkurven 4, 5 und 6). Bemerkenswert ist hierbei noch, daß die maximalen Zugkräfte die durch die Schraubenfeder bewirkte Rückstellkraft von etwa 20 kg erreichen, was einem mittleren Unterdruck von 6,4 kg · cm^{-2} und bei parabolischer Druckverteilung einem höchsten Unterdruck in der Plattenmitte von 9,6 kg · cm^{-2} entspricht.

Um zu einem zahlenmäßigen Vergleich der untersuchten Schmierstoffe zu gelangen, wurde willkürlich die Summe sämtlicher 16 Druckkraftmeßwerte des Drehzahlbereiches für jeden der drei Versuche gebildet und die Summe des Versuchs 2 (nach Dauerbeanspruchung) und die des Versuchs 3 (nach Stillstand) ins Verhältnis zur Summe des Versuchs 1 (Frischöl) gesetzt. Wird die Summe des Versuchs 1 mit 100°/₀ angenommen, so ergeben sich für die Versuche 2 und 3 die Prozentzahlen der Tabelle nach Abb. 47, in der die Schmierstoffe entsprechend ihrer Viskosität eingeordnet sind. Die Versuchsergebnisse nach Abb. 45 wurden in die Tabelle mit aufgenommen, da in den Versuchsbedingungen nur geringe Unterschiede bestehen.

Wie schon erwähnt, fallen die errechneten Werte für Butylen-Glykol heraus, was darauf schließen läßt, daß sich dieser Schmierstoff anders verhält als die übrigen. Anscheinend ist er infolge seines genau definierten chemischen Aufbaues gegen mechanische Beanspruchung weniger empfindlich als die komplizierter aufgebauten mineralischen Öle.

Läßt man Butylen-Glykol außer Betracht, so ergibt sich beim Vergleich der Prozentzahlen für die Versuche 2, die ein Maß für die Beständigkeit gegen mechanische Beanspruchung bilden, unter Berücksichtigung einer Streuung der Meßwerte von $\pm 5\%$, daß das Vermögen, sich einer Änderung der Zähigkeit zu widersetzen, mit zunehmender Viskosität scheinbar ebenfalls zunimmt. Schmierstoffe mit hoher Viskosität zeigen einen prozentual geringeren Abfall der Druckkräfte als solche mit kleinerer Viskosität. Das Ergebnis könnte leicht zu falschen Schlußfolgerungen führen, wenn nicht in Betracht gezogen wird, daß die lineare Abhängigkeit der Maximalkräfte von der Viskosität der Flüssigkeit infolge der tatsächlich auftretenden Wellendurchbiegung durchbrochen wird. Aus Abb. 31 ist ersichtlich, wie sich eine Änderung der Zähigkeit von verschieden viskosen Flüssigkeiten auf die gemessenen Maximalkräfte auswirkt. Nimmt man für zwei verschieden zähe Öle eine gleiche prozentuale Verringerung ihrer Viskosität während der Dauerbeanspruchung an, so wird als Folge der unterschiedlichen Kurvenkrümmung der prozentuale Abfall der Kraftmeßwerte bei dem weniger zähen Öl größer sein als beim Öl mit höherer Viskosität. Danach kann also von einem unterschiedlichen Verhalten verschieden zäher Mineralöle zunächst nicht gesprochen werden.

Für die Fähigkeit, während einer Ruhezeit zu regenerieren, ist keine Regelmäßigkeit zu erkennen; ebenso wie sich zwischen den vorliegenden Ergebnissen und den Meßwerten an den anderen Prüfapparaturen des Laboratoriums [4] keine Gleichsinnigkeiten finden lassen (vgl. Abb. 48).

Aus den bisherigen Versuchen ist nicht bekannt geworden, in welcher Weise sich die Zähigkeit eines Öles während der Zeit der Dauerbeanspruchung verändert. Der Aufklärung galten Versuche, bei denen während des Laufes mit einer konstanten Drehzahl von Zeit zu Zeit die maximalen Druck- und Zugkräfte gemessen wurden (Abb. 49). Die Kräfte fallen zunächst rasch, dann weniger schnell ab, erreichen ein Minimum nach einer Laufzeit von etwa 5,5 Stunden und steigen dann langsam wieder an. Im Minimum sind die Druckkräfte auf etwa 45%, die Zugkräfte auf 60% abgefallen, nach 1 Million Umdrehungen, entsprechend einer Laufzeit von 55,5 Stunden, erreichen sie wieder 70 bzw. 80% der Anfangswerte. Während des gesamten Laufes trat Blasenbildung auf.

Bei einem weiteren Versuch wurde die Drehzahl so niedrig gewählt, daß keine Blasenbildung auftrat (Abb. 50). Auch hier erfolgt der Abfall der Ölkräfte mit zunehmender Laufzeit in ganz ähnlicher Weise.

Wird dieser Einzelversuch nach einer gewissen Standzeit mit der gleichen Ölfüllung wiederholt, so ergeben sich Verläufe, wie sie in typischer Weise in Abb. 51 wiedergegeben sind. Die Anfangswerte, der Abfall und der Wiederanstieg fallen verschieden aus.

7. Versuche mit dem Ölprüfgerät nach Heidebroek

Bei Reihenuntersuchungen der verschiedenartigsten Schmieröle am Ölprüfgerät nach *Heidebroek* [4], die seit etwa fünf Jahren laufen, werden bei jeder Temperatur fünf Versuche hintereinander ausgeführt. Dabei zeigt sich in sehr vielen Fällen, daß der erste Meßwert jeder Temperaturstufe am höchsten, der zweite weniger hoch liegt und erst danach eine Konstanz der Abreißzeiten mit einer als normal zu bezeichnenden Streuung von höchstens $\pm$ 3% auftritt. Der erste Meßwert kann bis zu etwa 15% größer sein als der aus den Messungen 3, 4 und 5 gebildete Mittelwert. Vielfach können bei höheren Temperaturen (oberhalb etwa 70°) Abreißzeiten beobachtet werden, die kleiner sind, als es sich aus dem Verlauf der Geraden nach den Messungen im unteren Temperaturbereich ergeben müßte. Beobachtungen zeigten, daß in diesen Fällen Dampfblasen im Öl auftreten. Als dritte, häufig auftretende Erscheinung kann noch die genannt werden, daß sich über den gesamten Temperaturbereich höhere Abreißzeiten ergeben, wenn das Öl eine Nacht lang ruhig im Apparat belassen wird und am nächsten Tag der Versuch mit dem ausgeruhten Öl wiederholt wird.

Die Genauigkeit des oben angeführten Mittelwertes genügt ohne weiteres für den Nachweis, daß zwischen der kinematischen Viskosität η und der Abreißzähigkeit η_z ein unmittelbarer physikalischer Zusammenhang besteht, derart nämlich, daß die Abreißzeiten, die bei konstant gehaltener Abreißspannung der Abreißzähigkeit proportional sind, im Viskositäts-Temperatur-Blatt nach *Ubbelohde* über der Temperatur aufgetragen ebenso wie die üblichen Viskositäten eine Gerade ergeben.

Das Abreißen erfolgt immer aus dem sog. Kontaktzustand. Dieser ist definiert als die größtmögliche Annäherung der beiden Platten, mit anderen Worten als der Zustand, bei dem trotz eines noch vorhandenen Ölvolumens kein Ausfließen von Öl unter Krafteinwirkung mehr stattfindet und bei dem eine Vergrößerung der Andrückzeit keine Erhöhung der Abreißzeit mehr mit sich bringt ([1], Bild 4). Es wird angenommen, daß bei der Ausbildung des Kontaktzustandes ein zeitgebundener Orientierungsvorgang der Ölmoleküle in der dünnen Flüssigkeitsschicht maßgebend beteiligt ist ([1], S. 76). Neben dem Vorgang der Spaltweitenverkleinerung infolge Ausströmens des Öles beim Andrücken, also einem hydrodynamischen Vorgang, würde also in engen Spalten eine Veränderung der Flüssigkeitsstruktur nebenher laufen, die sich unmittelbar auf die Zähigkeit auswirkt. Unsicher ist dabei, wie sich kleinste Spaltweite und Zähigkeit des Öles gegenseitig beeinflussen. Folgender Versuch klärt einen Teil des Problems.

Mit einem Öl, dessen Verhalten im Ölprüfgerät nach *Heidebroek* aus mehreren Untersuchungen gut bekannt war (Shell BC 8), wurde bei einer Temperatur von 90° C an diesem Gerät der Kontaktzustand hergestellt. Bei dieser Temperatur kann angenommen werden, daß die *Brown*sche Molekularbewegung einen bestimmten Ordnungszustand weitgehend verhindert. Unter Weiterwirken der Druckbelastung blieb das Gerät ruhig bis zum nächsten Tag stehen, wobei die Temperatur bis auf etwa 20° C (Raumtemperatur) absank. In diesem Zustand wurde der Abreißvorgang eingeleitet und die Abreißzeit gemessen. Es ergab sich die gleiche Abreißzeit, die vorher gefunden wurde, als auch der Andrückvorgang bei der Temperatur von 20° C durchgeführt worden war. Dies muß als Zeichen dafür gedeutet werden, daß die Spaltweite des Kontaktzustandes sich unabhängig von der Zähigkeit und vom Ordnungszustand der Moleküle bzw. Micellen des Öles einstellt, wenn angenommen werden darf, daß während der Abkühlung kein Öl in den Spalt wieder eingesaugt und die Spaltweite dadurch vergrößert wird. Demnach können in erster Näherung veränderte Abreißzeiten unter sonst gleichen Bedingungen auf veränderte Zähigkeit des Öles zurückgeführt werden.

Durch welche Arten der Versuchsdurchführung und in welchem Maße die Ölzähigkeit verändert werden kann, zeigen die folgenden Versuche.

Mit zwei verschiedenen Metallpaarungen der Abreißplatten wurden die Abreißzeiten aus dem Kontaktzustand in Abhängigkeit von der Temperatur zwischen 15 und 90° C gemessen und diese Versuche am nächsten Tage mit dem gleichen Öl wiederholt, das solange in der Apparatur ruhig unter Luftzutritt bei Raumtemperatur gestanden hatte. Nach einer Ruhezeit von 24 Stunden ergaben sich über den gesamten Temperaturbereich höhere Werte, was auf eine Erhöhung der Zähigkeit infolge von Aggregationsvorgängen hindeutet (Abb. 52).

Eine ähnliche Erscheinung ergab sich (Abb. 53), als die Abreißzeit in Abhängigkeit von der Andrückzeit gemessen wurde (Bestimmung der „Kontaktgeraden“; [1], Bild 4). Die Andrückzeit wurde jeweils um 3 bzw. 5 Sekunden gesteigert und nur ein Meßwert aufgenommen. Als der Versuch mit dem gleichen Öl nach 4 Stunden wiederholt wurde, stellten sich wesentlich höhere Abreißzeiten ein. Während der Ruhepause hatte sich die Ölzähigkeit vergrößert, und man kann somit feststellen, daß die Zähigkeit unter Umständen — ob allgemein oder nur im Kontaktzustand sei hier dahingestellt — sehr verschieden ausfallen kann, verursacht durch verschiedene, noch unbekannte Einflußgrößen, die die Ölstruktur bestimmen.

Nach Abb. 54 ergaben sich dann höhere Abreißzeiten, wenn die Andrückzeit nach dem gleichen Versuch wie nach Abb. 53 wieder jeweils um 5 Sekunden bis auf Null verkleinert wurde. Als ein Versuch nochmals mit steigender Tendenz für die Andrückzeit angeschlossen wurde, fielen die Abreißzeiten noch höher aus (Abb. 55). Beachtenswert ist an allen diesen Versuchen, daß immer dann die höchsten Zeiten erzielt werden, wenn die Andrückzeit so bemessen ist, daß der Kontaktzustand gerade erreicht worden ist. Längere Andrückzeiten verursachen anscheinend einen Wiederabbau der Molekülorientierung und eine Verkürzung der Abreißzeiten.

Mit dieser Auswahl von Versuchen am Abreißprüfgerät wird der Zweck verfolgt, den außerordentlich komplizierten Ordnungsmechanismus in der Schmierflüssigkeit aufzuzeigen, der oft von noch nicht erfaßbaren Zufälligkeiten gesteuert zu sein scheint. Eine Erklärung kann mit technischen Hilfsmitteln und den heute zur Verfügung stehenden Ergebnissen der Viskosimetrie von Schmierölen nicht gegeben werden. Immerhin ist es bemerkenswert, daß die Wirkungen derart komplexer Orientierungs- und Desorientierungsvorgänge auf die Ölzähigkeit mit diesem einfach aufgebauten Gerät gemessen werden können.

Auf Grund dieser Effekte, die unter Umständen bei unregelmäßigem Auftreten einen Vergleich verschiedener Schmieröle stören würden, wurden für die Reihenuntersuchungen drei Regeln aufgestellt:

a) Untersucht wird Frischöl aus der Vorratsflasche, das erst unmittelbar vor dem Versuch eingefüllt wird.

b) Die Untersuchung wird an einem Tage und ohne Pausen durchgeführt.

c) Die Andrückzeit wird so gewählt, daß der Kontaktzustand mit Sicherheit (Vorversuche) erreicht ist und das labile Gebiet vermieden wird.

G. Zähigkeitsänderungen im Lichte der Kolloid-Forschung

Mit den hier beschriebenen Versuchen ist gezeigt worden, in welch starkem Maße die als Zähigkeit definierte Eigenschaft der Schmierflüssigkeiten von der mechanischen Beanspruchung und eingeschalteten Ruhepausen abhängt. Zur Erklärung der Vorgänge in der Flüssigkeit selbst — wenn eine solche mit Hilfe der vorliegenden Ergebnisse überhaupt zur Zeit möglich ist — müssen die Erkenntnisse der physikalischen Chemie herangezogen werden. Die experimentellen Ergebnisse und die daraus entwickelten Anschauungen, welche die physikalische Chemie zur Verfügung stellen kann, seien im Folgenden in Kürze zur Sprache gebracht.

Die Erforschung des chemisch-physikalischen Aufbaues von Schmierölen, die seit etwa 50 Jahren betrieben wird, hat sich außerordentlich schwierig gestaltet, weil es sich dabei nicht um chemische Einzelwesen, sondern um sehr kompliziert aufgebaute Kohlenwasserstoffgemische mit Molekülen ganz verschiedener Größen und Formen handelt. Nach den vorherrschenden Bestandteilen unterscheidet man heute Schmieröle paraffinischer, naphthenischer, aromatischer und asphaltbasischer Natur, die aber nie getrennt vorkommen, weshalb sich auch niemals in den Kennzahlen als äußerer Ausdruck des inneren Mischgefüges scharfe Grenzen zwischen diesen Ölarten angeben werden lassen (*Kadmer*, [5]). Bei grober Differenzierung handelt es sich wohl aber meist, bedingt durch die Verarbeitungsverfahren des Rohöles, um naphthenische Bauelemente mit Ringcharakter, an die paraffinische Seitenketten angelagert sind (*Riediger*, [6]). Es ist deshalb auch nicht verwunderlich, wenn sich bis heute infolge des verwickelten Mischcharakters noch kein einfacher und alles umfassender Test für die Güte und Brauchbarkeit eines Schmieröles unter den verschiedenartigsten Bedingungen des praktischen Betriebes aus den mannigfaltigen bekannt gewordenen Prüfmethoden herauskristallisiert hat. Man ist nach wie vor darauf angewiesen, eine ganze Reihe von Versuchsresultaten zur Beurteilung eines Öles heranzuziehen.

Einerseits wird angenommen, daß die Schmieröle molekulardisperse Systeme darstellen (*Riediger*), andererseits sollen es „Dispersionen kolloid-gelöster Molekülmicellen in Kohlenwasserstoffölen als Lösungsmittel" sein (*Kadmer*). *Holde* [7] weist darauf hin, daß mineralische Öle vielfach Sole sind, in denen Asphalt und andere bituminöse Bestandteile den dispersen Anteil bilden. Unter den Schmierölen sollen sich aber auch solche grobdisperser Beschaffenheit befinden (*Wo. Ostwald*, [7]).

Unter Kolloiden versteht man Systeme, deren disperse Teilchen Abmessungen von 10 bis 1000 Å (1 Å = 10^{-7} mm; 1 μ = 10000 Å) haben. Kolloide bilden hinsichtlich des dispersen Anteils eine Stufe zwischen molekular gelösten und mikroskopisch sichtbaren, mechanisch aufgeschwemmten Teilchen (Suspensionen). Die Kolloid-Physik betrachtet also Modelle, deren Bausteine schon zu groß sind, um die Bedingungen der Kontinuität (infinitesimale Raumelemente) noch hinreichend genau zu erfüllen, die in ihrer Form aber schon so komplex sind, daß Hypothesen über ihren Aufbau schon zu unsicher sind (*Umstätter*, [8]).

Die Zähigkeit als der Widerstand im Öl, den dieses einer Verschiebung seiner Molekülkomplexe entgegensetzt, ist nach *Newton* definiert als der Quotient aus Scherspannung und Schergefälle (Geschwindigkeitsgradient). Flüssigkeiten, die diesem Gesetz gehorchen, werden *Newton*sche oder reine Flüssigkeiten genannt. Schmieröle sind dagegen nicht unter allen Umständen als dazugehörig zu betrachten. Obwohl eine ganze Reihe von Hypothesen über den Reibungsmechanismus existieren, ist dieser noch nicht eindeutig geklärt. Außerdem hat *Umstätter* gezeigt, daß die Darstellung eines Fließvorganges mit Hilfe des *Maxwell*schen Relaxationstheorems weiterreichend ist als mit dem *Newton*schen Gesetz und daß bei exakter Betrachtung die zweidimensionale Darstellung durch eine dreidimensionale unter Einführung der Zeit als dritte Koordinate ersetzt werden muß.

Bei der Messung der Zähigkeit von Kolloiden im Viskosimeter treten insofern Komplikationen auf, als diese in starkem Maße von den Fließbedingungen abhängt und keine Konstante wie bei den mikromolekularen Flüssigkeiten darstellt. Es erhebt sich die Frage, in welcher Weise die Kolloidteilchen aufeinander einwirken und wie diese Wechselwirkung in der physikalischen Kennzahl der Zähigkeit, also im mechanischen Verhalten während des Fließens, zum Ausdruck kommt.

Eine allgemein gültige Theorie der Zähigkeit konnte bisher, selbst wenn Bau, Größe und Form der Teilchen bekannt wären, nicht aufgestellt werden. Die bekannt gewordenen rechnerischen Methoden mit rein hydrodynamischen Ansätzen setzen voraus, daß die Teilchen groß gegen die Moleküle des Lösungsmittels, starr und weit voneinander entfernt sind (Ausschaltung von Wechselwirkungen), daß Massenkräfte bei bedingt langsamer Grundströmung vernachlässigt werden können und daß das Suspensionsmittel an den Teilchen haftet (*Einstein*, [9], S. 9). Wohl ist auch versucht worden, Abweichungen von diesen Voraussetzungen getrennt zu erfassen (unstarre Kugeln, Wandeinfluß, Wechselwirkung, Abweichungen von der Kugelform und Trägheitskräfte), aber die Ergebnisse haben mehr hypothetischen als praktischen Wert erlangt.

Den der Schmierwirkung der Öle nachgehenden Ingenieur kann also heutigentags nicht so sehr der Aufbau der Schmieröle und der mathematische Apparat zur Erfassung der Wechselwirkung ihrer Bausteine als vielmehr primär die Frage interessieren, mit welchen Apparaten und unter welchen Versuchsbedingungen man gerade so viel die Zähigkeit beeinflussende Größen und das Maß ihres Einflusses bestimmen kann wie zur Kennzeichnung der Schmierwirkung eines Öles notwendig sind. Quantitativ erfaßt ist bereits der Einfluß der Temperatur und des Druckes, und bekannt geworden ist die Abhängigkeit vom Geschwindigkeitsgefälle (Strukturviskosität), ohne daß bisher für die Praxis geeignete Unterlagen geschaffen wurden. Fast gänzlich unbekannt ist der Einfluß der mechanischen (Wechsel-) Beanspruchung und nach dem Stand der Dinge muß befürchtet werden, daß eine allgemeine quantitative Erfassung auf große Schwierigkeiten stoßen wird.

Zur Erklärung einer Zähigkeitsänderung unter verschiedenen Versuchsbedingungen wird besonders häufig die Möglichkeit einer Aggregation (Anhäufung von Molekülen zu kinetischen Einheiten nach *Philippoff*, [9]) bzw. Disgregation erwogen, wobei man lose, ungeordnete und geordnete Aggregate unterscheidet. *Umstätter* hat den Begriff des Micells als kinetische Einheit der Flüssigkeit schärfer gefaßt und definiert dieses als eine „von Kohäsion getragene Molekülgruppe“, wobei diese Definition des Micells „als Träger der mechanischen Eigenschaften der Flüssigkeit nur in diesem Aggregatzustand“ gilt.

Zu dessen Erklärung kann folgendes gesagt werden (nach *Houwink*, [10]). Micellen sind Teilchen von kolloidalen Dimensionen, die aus mehr als einem Molekül bestehen, also Molekülkomplexe darstellen, wobei die Moleküle durch Kräfte sekundärer Natur gebunden sind. Makromoleküle unterscheiden sich von den Micellen dadurch, daß im ersteren nur primäre Bindungen vorhanden sind; möglicherweise sind Makromoleküle größer als Micellen. Während unter primären Bindungen solche zwischen Ionen bzw. neutralen Atomen zu verstehen sind, handelt es sich bei sekundären Bindungen um intermolekulare elektrischer Art, die durch Dipole und *van der Waals*sche Kräfte verursacht werden. Neben permanenten Dipolen (polare Moleküle) können solche durch Deformation, d. h. elektrische Ladungsverzerrung, entstehen. Je größer die Anisometrie der Teilchen ist, umso deutlicher tritt die Richtung der Deformierbarkeit hervor (*Kadmer*). Die Quelle für die *van der Waals*schen Kräfte liegt in der „kurzperiodischen Bewegung in den Atomen, die fortwährend wechselnde Dipole verursachen. Diese Dipole induzieren in den benachbarten Atomen fortwährend neue wechselnde Dipole“ (*Houwink*).

Unter Umständen können die *van der Waals*schen Kräfte so groß sein (bei genügend kleinem Abstand zwischen den Teilchen), daß der Verband trotz der *Brown*schen Molekularbewegung aufrecht erhalten bleibt. Auf die Wirkung von sekundären Bindungen sind Erscheinungen wie Solvatation (Abhängigkeit der Zähigkeit vom Lösungsmittel), Assoziation und die Bildung loser Gruppen (Schwärme) zurückzuführen. Die Kohäsionskräfte bei losen Gruppen können unter Umständen schon bei Beanspruchung durch äußere Kräfte (z. B. bei Fließvorgängen) geschwächt oder ganz zerstört werden.

Bei Aggregationsvorgängen sind drei Fälle möglich (*Philippoff*):

a) Es entstehen Teilchen größerer Anisometrie (Abweichung von der Kugelform), die Zähigkeit steigt.

b) Es werden Teilchen geringerer Anisometrie gebildet, die Zähigkeit fällt.

c) Die Aggregate bleiben den Primärteilchen geometrisch ähnlich, die Zähigkeit bleibt unverändert.

Weiterhin besteht die Möglichkeit der Wirkung von „Richtkräften" (*Philippoff*), die eine größere Reichweite besitzen sollen und mit denen Erscheinungen wie Thixotropie (Erklärung folgt) und Dilatanz (Erstarrung bei Bewegung und Wiederverflüssigung beim Stehen) erklärt werden. Hierüber ist jedoch nichts Näheres bekannt.

Bei Gasen, bei denen eine vollkommen ungeordnete, statistischen Gesetzen gehorchende Molekularbewegung angenommen werden kann, steigt die Zähigkeit mit der Temperatur linear an, bei Flüssigkeiten und besonders drastisch bei den Kohlenwasserstoff-Schmierölen, die einen bestimmten Ordnungszustand aufweisen, sinkt sie mit steigender Temperatur. Aliphatische Kohlenwasserstoffe zeigen die geringste Abnahme und damit die flachsten Temperaturkurven, aromatische die steilsten und naphthenische liegen dazwischen. Bisher gefundene mathematische Zusammenhänge, mit denen die Schmierölpraxis arbeiten kann, sind rein empirischer Natur (Viskositäts-Temperatur-Blatt nach *Ubbelohde*). Praktisch vorkommende Drücke beeinflussen die Zähigkeit in geringerem Maße als die Temperatur. Bei Druckzunahme steigt die Zähigkeit. Es wurde beobachtet, daß Öle mit starker Temperaturabhängigkeit auch eine steilere Druckzähigkeitskurve aufweisen. Mineralische Öle zeigen sich stärker druckviskos als fette, was dem bekannten günstigen Verhalten gefetteter Öle an Schmierstellen hoher spezifischer Belastungen entspricht. Es hat nicht an Versuchen gefehlt, den Begriff der „oiliness“ durch die Druckzähigkeit zu erklären und diese in die hydrodynamische Rechnung zur Erklärung des Reibungsanstieges in Gleitlagern bei geringen Geschwindigkeiten einzuführen. Die Abhängigkeit der Zähigkeit von Temperatur und Druck wird auf eine Veränderung des Aggregationszustandes zurückgeführt, wobei Aufbau, Form und „Packungsdichte“ der Micellen eine Rolle spielen. Tiefe Temperaturen und hohe Drücke wirken deshalb in der gleichen Richtung einer Erhöhung der „Packungsdichte“ und damit auch der Zähigkeit.

Bei Viskositätsbestimmungen mit Hilfe von Kapillaren können verschiedene Werte gemessen werden, wenn das Druckgefälle und damit der Geschwindigkeitsgradient geändert wird. Mit zunehmender Scherspannung ergibt sich eine Abnahme der Zähigkeit, eine Erscheinung, die von *Wo. Ostwald* mit Strukturviskosität bezeichnet worden ist. An Schmierölen, die in einem Druckbereich von 0,1 bis 1 m Wassersäule bei einem Kapillaren-Durchmesser von 2,7 mm und 50 cm Länge untersucht wurden, konnte Strukturviskosität bisher nur an Voltolölen nachgewiesen werden (*Wo. Ostwald*). Es ist jedoch die Annahme berechtigt, den kolloidalen Flüssigkeiten Strukturviskosität als allgemeine Eigenschaft zuzuschreiben, nur liegen die Geschwindigkeitsgradienten, bei denen sich eine Änderung der Zähigkeit zeigen würde, für normale Schmieröle höher, als sie in dieser Versuchsapparatur verwirklicht worden sind.

Echte Thixotropie wird in der Kolloid-Physik als isotherme, reversible Sol-Gel-Umwandlung definiert und äußert sich dadurch, daß bei mechanischer Beanspruchung (z. B. Rühren, Schütteln und auch Ultraschalleinwirkung) ein Gel mit unendlicher Zähigkeit in ein Sol mit endlicher Zähigkeit umgewandelt wird und das Sol beim Stehenlassen wieder in das Gel übergeht. Den Ausdruck Sol-Thixotropie verwendet *Wo. Ostwald* für den Vorgang einer Umwandlung gleicher Art zwischen zwei Phasen endlicher Zähigkeit.

Strukturviskosität und Thixotropie können wahrscheinlich auf die gleichen Ursachen zurückgeführt werden; die Vorgänge unterscheiden sich nur durch den zeitlichen Ablauf. Die Ursachen liegen in einer Orientierung der Micellen, die beim Schervorgang durch mechanische Beanspruchung und erhöhte *Brown*sche Molekularbewegung infolge der Reibungswärme mehr oder minder stark abgebaut und beim Stehen wieder aufgebaut wird. Spielt sich letzterer Vorgang sehr rasch ab, so macht sich das nur als Strukturviskosität bemerkbar (*Scott Blair*, [11]).

Im Zuge einer weiteren Durchdringung dieses Problems und einer Verfeinerung der Meßmethode sind verschiedene Hypothesen aufgestellt worden. Zusammenfassend und das Gemeinsame herausstellend wird man der tatsächlichen Natur der Thixotropie ziemlich nahe kommen. Nach Ansicht vieler Kolloid-Forscher sollen chemische Vorgänge (z. B. Oxydation) und eine Quellung der thixotropen Teilchen keine Rolle spielen, dagegen sind folgende Faktoren von entscheidendem Einfluß (nach *Philippoff*):

a) Teilchenform. Anisometrische und in noch stärkerem Maße nichtsphärische Teilchen (Blättchen und Stäbchen) begünstigen die thixotropen Erscheinungen, da in solchen Fällen die Bedingungen für eine dichteste Packung der Teilchen nicht leicht zu erfüllen sind.

b) Teilchengröße. Isometrische Teilchen in der Größe von etwa 10 bis $3 \cdot 10^4$ Å verhalten sich wahrscheinlich thixotrop, während bei anisometrischen Teilchen eine obere Grenze von etwa 10^5 Å $= 10\ \mu$ angegeben wird.

c) Ordnung der Teilchen. An bestimmten Substanzen wurde festgestellt, daß eine unmittelbare Berührung der Teilchen zu einem dreidimensionalen Gerüst nicht notwendig ist, auch bei mikroskopisch sichtbaren Zwischenräumen hörte die *Brown*sche Molekularbewegung auf. Andererseits wurde vielfach eine geordnete Aggregation in Kettenform beobachtet. Im allgemeinen ist der Ordnungszustand der Teilchen in der Gelphase viel weitreichender als in der Solphase.

d) Suspensionsmedium. Je nach Art der Flüssigkeit sind die Richtkräfte verschieden, die im Zusammenwirken mit der *Brown*schen Molekularbewegung, welche mit abnehmender Teilchengröße anwächst, den Ordnungszustand der Teilchen bestimmen.

Im Zusammenhang mit der Viskosimetrie der Schmieröle sind thixotrope Erscheinungen m. W. in der Literatur nur einmal erwähnt worden (*Vogelpohl*, [12]).

Bei viskosimetrischen Messungen (Viskosimeter nicht benannt) lagen der zweite und die folgenden Meßwerte bei einem Spindelöl bis zu 20% tiefer als der erste Wert. Besonders ausgeprägt zeigte sich dieses Verhalten bei einer Temperatur von 40° C. Genauer weisen zwei wenig beachtete Versuchsarbeiten auf sol-thixotrope und -rheopexe Vorgänge bei Schmierölen hin ([3] und [7]).

Wo. Ostwald ([7], siehe auch *Philippoff*, S. 321) rieb vier verschiedene Schmieröle in einem Porzellanmörser mit elektrisch angetriebenem Pistill 120 Stunden lang und untersuchte von Zeit zu Zeit die Viskosität im Kapillarviskosimeter. Diese fiel bei einem Sattdampfzylinderöl zunächst rasch ab, erreichte nach 20 Stunden einen Tiefstwert (Abfall etwa 10%) und stieg im Laufe der mechanischen Bearbeitung wieder an, um nach Erreichen eines Höchstwertes nach 80 bis 100 Stunden nochmals abzufallen. Die Zähigkeit eines Autoöles erreichte nach 20 Stunden mechanischer Behandlung einen Wert, der um 29% über dem des frischen Öles lag. (Der Vorgang der Viskositätszunahme bei mechanischer Bearbeitung wird als Sol-Rheopexie bezeichnet, wobei unter Rheopexie allgemein verstanden wird, daß eine Zusammenlagerung von Teilchen zu einer festen Masse bei Bewegung schneller vonstatten geht als ohne Bewegung.)

Needs benutzte zur Untersuchung der Zähigkeit in dünnen Ölfilmen zwei runde, optisch plangeschliffene Stahlplatten wobei die obere rotierte und mit einer gleichbleibenden Last, gegen die untere, feststehende gedrückt wurde. Gemessen wurde das Drehmoment, das zur Aufrechterhaltung der Rotation nötig und das von der Annäherung der beiden Platten abhängig war. Nachdem sich nach einer gewissen Laufzeit ein konstantes Drehmoment eingestellt hatte — ein Zustand, der eine Parallele zum Kontaktzustand nach *Heidebroek-Pietsch* bildet —, wurde die Rotation eingestellt und nur kurzfristig zur Messung bewegt. Im Laufe von zwei Stunden war das Drehmoment auf den zwölfeinhalbfachen Betrag angewachsen, und nach Wiedereinleitung der fortdauernden Drehbewegung hatte das Moment nach einer halben Stunde wieder den früheren Wert erreicht. Der Versuch wurde mit Olivenöl bei einer Öltemperatur von 25° C, einem Plattendurchmesser von 22 mm, einer Drehzahl von 11 min^{-1} und einer Normalbelastung von 7 $kg \cdot cm^{-2}$ durchgeführt.

Bei der Erklärung seiner Versuchsergebnisse spricht *Wo. Ostwald* von einer wahrscheinlichen Zerstörung oder Modifizierung der Ölstruktur, wobei rein chemische Vorgänge (Oxydation) nicht ausgeschlossen werden. *Needs* führt lediglich den Begriff einer „gerichteten Erstarrung" (directional rigidity) ohne weitere Erklärung ein.

H. Fremde einschlägige und eigene Versuchsergebnisse; Einfluß von Art und Stärke der mechanischen Beanspruchung auf Zähigkeitsänderungen

Die erste Frage, die eingangs gestellt wurde, war die nach dem Verschleißmechanismus, der für die Zerstörung einer metallischen Werkstoffoberfläche bei Flüssigkeitsbeanspruchung nach der Art, wie sie in der Versuchsapparatur von *Heidebroek-Pietsch* auftrat, verantwortlich ist. Es wurde gezeigt, daß bei einer gewissen Sogbeanspruchung des Öles Dampfbläschen in der Flüssigkeit auftreten, die Zähigkeit des Öl-Dampf-Gemisches bedeutend kleiner ist als die des homogenen Öles und damit nur begrenzte Zugkräfte übertragen werden können, die auch bei Steigerung der Drehzahl nicht mehr zunehmen. Das Auftreten von Dampfbläschen legt die unmittelbare Schlußfolgerung nahe, die Werkstoffzerstörungen auf Kavitation zurückzuführen. *Umstätter* hat gezeigt, daß „die Kavitation im wesentlichen auf einer Amplitudenresonanz der schwingenden Blasen mit der erregenden Frequenz des Schwingers bzw. der ihr völlig gleichwertigen Strömung beruht" ([8], S. 197). Sie tritt danach also dort in starkem Maße auf, wo die Eigenfrequenz der Bläschen mit der Eigenfrequenz der metallischen Oberflächenteilchen übereinstimmt. Die Eigenfrequenz der Blase hängt u. a. von ihrem Radius ab; je größer der Radius, um so geringer die Eigenfrequenz und um so geringer die Kavitationsgefahr für die metallische Oberfläche mit ihren Teilchen hoher Eigenfrequenz. Während bei den unter F 1 beschriebenen Versuchen mit kleinen Bläschen bereits nach etwa 4 bis 6 Millionen Umdrehungen Kavitationsverschleiß eingesetzt hatte, konnten an der Platte von 20 mm Durchmesser und bei durchschnittlich viel geringeren Drehzahlen mit größeren auftretenden Blasen nach etwa insgesamt 25 Millionen Umdrehungen noch keine Kavitationsspuren festgestellt werden.

Wie *Umstätter* weiterhin gezeigt hat, kann ein Zerreißen des Öles im Sinne der Prüfung fester Werkstoffe und ein Herausreißen von Werkstoffteilchen, falls die Zerreißfestigkeit des Öles größer als die des metallischen Werkstoffes der Grenzphase ist, erst dann auftreten, wenn die Zerreißdauer gleich der oder kleiner als die Relaxationsdauer ist. Da bei Schmierölen die Relaxationszeit in der Größenordnung von 10^{-7} bis 10^{-6} Sekunden liegt, müßten im vorliegenden Falle Drehzahlen von mehr als 1000000 min^{-1} verwirklicht werden.

Der Vergleich des gemessenen Kraftverlaufes während einer Schwingung (Umdrehung) mit dem berechneten, wobei die viskosimetrische Zähigkeit zugrunde gelegt wurde, ergibt weitgehende Übereinstimmung hinsichtlich des Kurvencharakters, hinsichtlich der absoluten Größe der Kräfte jedoch beträchtliche Abweichungen, je nachdem in welcher Weise die Versuchsflüssigkeit vorbehandelt wurde. Zwischen den mineralischen Ölen kann bei Messung des Zähigkeitsabfalles während einer mechanischen Dauerbeanspruchung kein grundsätzlicher Unterschied gefunden werden. Dagegen zeigt das einfacher aufgebaute, chemisch definierte Butylen-Glykol ein anderes Verhalten als die Mineralöle. Dieses Ergebnis muß als grobe Näherung angesehen werden. Es soll noch besonders betont werden, daß die Erniedrigung der Viskosität während einer mechanischen Beanspruchung keine bleibende ist; vielmehr handelt es sich um einen reversiblen Vorgang, denn in der Ruhe regeneriert das Öl bis zu einem gewissen Grade.

Die hier gewonnenen Ergebnisse und die Meßwerte mit den gleichen Versuchsflüssigkeiten an den anderen Prüfgeräten des Laboratoriums (Abreißprüfgerät, Zahnradprüfmaschine und *Tränkner*-Lagerprüfmaschine) zeigen keine Parallelen (Abb. 48).

Eine Vertiefung der bisher erzielten Erkenntnisse über das Verhalten von Schmierstoffen bei mechanischer Wechselbeanspruchung und während eingeschalteter Ruhepausen scheitert an folgenden Gegebenheiten:

a) In der Apparatur treten bei Kraftbeaufschlagung elastische Verformungen auf, die eine Änderung der eingestellten Spaltweite zur Folge haben und die nie ganz zu vermeiden sein werden.

b) Eine rechnerische Verfolgung und Ausschaltung der Verformungswirkungen stößt auf Schwierigkeiten, weil einmal die Rechnung nur näherungsweise durchgeführt und zum anderen

c) die Spaltweite nur verhältnismäßig grob eingestellt werden kann. Der Fehler geht mit der 3. Potenz in die Näherungsrechnung ein.

d) Gasblasen im Öl stören die Messungen, zumindest die der Zugkräfte.

e) Während das arithmetische Mittel aus unmittelbar aufeinander folgenden Einzelmessungen brauchbare Werte liefert, bewirkt eine Labilität der Zähigkeit eine mangelhafte Reproduzierbarkeit bei zeitlich weiter auseinander liegenden Versuchen, so daß ein Vergleich verschiedener Schmierstoffe und die Aufstellung von Kennwerten unmöglich ist, wenn nicht Großzahlforschung und damit weitere Mittelwertbildung betrieben wird. Der praktische Wert derart zeitraubender und kostspieliger Versuche — die Untersuchung eines Schmierstoffes würde bei 20 Einzelversuchen etwa 5 bis 6 Wochen in Anspruch nehmen — muß nach dem Vorangegangenen als zweifelhaft angesprochen werden.

f) Selbst wenn die Probleme unter a bis e versuchstechnisch gelöst würden, so müßten die Ergebnisse doch auf die spezielle Beanspruchungsart dieser Versuchsanlage beschränkt bleiben, denn diese spielt offensichtlich — wie noch gezeigt wird — eine große Rolle.

Was den Einfluß der Art und Intensität der mechanischen Beanspruchung auf die Veränderung der Ölzähigkeit anbelangt, so zeichnet sich beim Vergleich mehrerer bekannt gewordener Versuchsarbeiten eine Tendenz ab, die eine erste Klärung bedeutet.

Unter G sind bereits drei Versuchsarbeiten von *Vogelpohl*, *Wo. Ostwald* und *Needs* in Kürze beschrieben worden. Eigene Viskositätsmessungen am *Höppler*-Kugelfall-Viskosimeter mit dem Turbinenöl Shell BC 8 bei 40° C ergaben eine Verringerung der Fallzeit der 2. Messung und aller folgenden um etwa 1% gegenüber der ersten, die mit frischem bzw. ausgeruhtem Öl durchgeführt wurde. Bei Abreißversuchen, ähnlich denen unter

F 7 beschriebenen, fand *v. Schießl* [13] mit einem besonderen Motorenöl bei Zimmertemperatur bei drei gleichen Versuchen unterschiedliche Werte, wobei die niedrigsten um 15% tiefer liegen als die höchsten; allerdings ist die Vorgeschichte des Öles bei den einzelnen Versuchen unbekannt. *Ramsauer* [14] berichtet von Haftreibungsmessungen mit einem zylindrischen Gleitkörper auf einer U-förmigen, geneigten Schiene, die in Abhängigkeit von der Temperatur (18 bis 98° C) mit einem hochpolymerisierten synthetischen Öl von 15° E bei 50° C gemacht wurden. Nach Messung bei steigender Temperatur wurden bei der anschließenden Messung mit fallender Temperatur Werte gefunden, die bis zu 50% tiefer lagen. *Needs* [3] verfolgte die Abstandsänderung zweier ebener, runder Platten, die unter Öl durch Einwirkung einer Kraft einander genähert werden (ähnlich wie beim Andrückvorgang am Abreißprüfgerät nach *Heidebroek*). Die Abhängigkeit des Plattenabstandes von der Zeit fiel bei Wiederholungsversuchen sehr verschieden aus. Bei vier Einzelversuchen lagen die tiefsten Werte im Vergleich zu den höchsten bei einem leichten Mineralöldestillat um 43%, bei Olivenöl um 72% und bei Rizinusöl um 34% niedriger.

Die Abweichungen, die sich bei den einzelnen Untersuchungen ergaben, sind in Abb. 56 zusammengestellt. Wenn auch zahlenmäßige Angaben über die Stärke der Beanspruchung während des Versuches nicht gemacht werden, so ist doch ohne weiteres klar, daß das Öl bei den Viskositätsmessungen (1 und 2) den geringsten und bei den fortdauernden Versuchen unter viel höheren Scherspannungen (5, 8 und 9) den stärksten Beanspruchungen ausgesetzt ist. Trotzdem verschiedenartige Öle mit unterschiedlichen Zähigkeiten zur Untersuchung kamen und trotzdem die Gesamtölmengen und die während der Versuchsdauer durchgesetzten Ölmengen (das Verhältnis von durchgesetzter zur Gesamtölmenge stellt die Häufigkeit der Beanspruchung eines Ölmicells dar) differieren, ist ersichtlich, daß eine Veränderung des Öles um so weiter geht, je stärker die Beanspruchung und je größer die Häufigkeit der Beanspruchung während der gesamten Versuchsdauer ist.

In der Maschinenpraxis kommen Fälle von mechanischer Wechselbeanspruchung einer zähen Flüssigkeit häufig vor, wenn auch in anderer Form als bei der hier beschriebenen Versuchsanlage. Es sei an die Gleitlager erinnert, in denen die Schmierflüssigkeit unter sehr hohen Drücken die engste Stelle zwischen Welle und Lagerschale passiert und der Druck danach innerhalb einer sehr kleinen Zeitspanne unter Umständen bis zu negativen Werten abfällt. Bei Turbinenlagern wird sich zwar eine Zähigkeitsänderung kaum auswirken, weil die Häufigkeit der Beanspruchung infolge der großen umgewälzten Mengen von meist mehreren Tonnen sehr gering ist und das Öl während der Ruhezeit regenerieren kann. Dagegen werden die Zähigkeitsabfälle bei Ringschmierlagern viel größer und deshalb bedenklicher sein, da die Vorratsmenge an Schmierflüssigkeit kleiner ist und in einer bestimmten Zeit öfter durchgesetzt wird. Eine besondere Gefahr für ein Lager bedeutet die Überlagerung der normalen Beanspruchung der Schmierflüssigkeit durch Schwingungen der Welle quer zur Lagerlängsachse („tanzende Wellen"). Auch bei Wälzlagern und kämmenden Zahnrädern, sowie bei Flüssigkeitsgetrieben aller Art (hydraulische Kupplungen, Oszillationsgetriebe und Regler) unterliegt die Schmier- bzw. Übertragerflüssigkeit einer wechselnden Druck-Zug-Beanspruchung und damit ihre Zähigkeit einer Änderung. Folglich kann sich bei Flüssigkeitsgetrieben mit zähen Flüssigkeiten bei längerem Betrieb trotz gleichbleibender Temperatur der Betriebszustand ändern.

Bei der Suche nach der Ursache des Versagens derartiger Maschinenteile wird man in Zukunft in die Reihe der Fehlermöglichkeiten auch die Zähigkeitsänderungen der Flüssigkeit durch mechanische Beanspruchung mit einbeziehen müssen.

Zwar können heute der Betriebs- und Versuchspraxis dafür noch keine verläßlichen Zahlen zur Verfügung gestellt werden, weil das Maß des Einflusses von mehreren Faktoren noch einzeln zu untersuchen verbleibt, aber die Veränderungen sind erwiesen und verdienen zunächst vor allem dann Beachtung, wenn geringe Ölmengen starken und häufigen Beanspruchungen ausgesetzt werden.

Ganz besonders sind die Art und Weise der mechanischen Beanspruchung und die Vorgeschichte des Öles zu beachten, wenn es sich darum handelt, den Weg zu einer Vereinheitlichung der Apparate und Maschinen zur Prüfung der Schmiereigenschaften verschiedener Öle zu beschreiten.

I. Zusammmenfassung

In Anlehnung an die Versuche von *Heidebroek* und *Pietsch* und deren Fortsetzung wurde eine Versuchsanlage erstellt, in der eine kleine Ölmenge einer periodisch wechselnden Druck-Zug-Beanspruchung zwischen zwei ebenen Platten durch Auf- und Abbewegung der einen unterzogen wird und die es gestattet, die dabei auf die Platten ausgeübten Normalkräfte, die ein Maß für die Zähigkeit der Flüssigkeit darstellen, laufend zu messen.

Mit Hilfe von hydrodynamischen Ansätzen wurden die zu erwartenden Kräfte errechnet und mit den gemessenen verglichen. Dabei wurden zwei Effekte festgestellt:

1. Auftreten von Gasbläschen im Öl bei größeren Sogbeanspruchungen;
2. Zähigkeitsänderungen der Schmierflüssigkeiten.

Aus 1. wird gefolgert, daß der metallische Verschleiß, der bei den Versuchen von *Heidebroek* und *Pietsch* auftrat, auf Kavitationserscheinungen zurückzuführen ist.

Bei weiterer Untersuchung von 2. ergaben sich bei Wiederholungsversuchen mit jeweils frischem Öl Streubereiche, die auf eine Inkonstanz der Zähigkeit frischen Öles hinweisen. Verschiedene Schmierstoffe wurden nach einer besonderen Methode untersucht, indem die Flüssigkeitskräfte an ein und derselben Probe mit Frischöl, nach einer Dauerbeanspruchung und nach längerer Ruhepause gemessen wurden. Während der mechanischen Beanspruchung fallen die Kräfte und damit die Zähigkeiten zunächst rasch ab, erreichen ein Minimum und steigen dann wieder langsam an. Im Laufe der Ruhepausen steigt die Zähigkeit ebenfalls wieder an und erreicht die Frischölwerte oder sogar höhere. Im Verhalten der mineralischen Öle konnte kein wesentlicher Unterschied gefunden werden, jedoch zeigt ein chemisch einfacher aufgebauter Stoff andere Verhältnisse.

Unter Heranziehung fremder und weiterer eigener Versuchsergebnisse wird festgestellt, daß Art und Intensität der mechanischen Beanspruchung und die Häufigkeit des Schmiermitteldurchsatzes die Größe der Zähigkeitsänderungen bestimmen.

Zum Schluß wird auf die Bedeutung der Zähigkeitsänderungen für die Versuchs- und Betriebspraxis bei Bestimmung der Schmiereigenschaften von Schmierflüssigkeiten hingewiesen.

K. Literaturverzeichnis

1. *E. Heidebroek* und *E. Pietsch*, Untersuchungen über den Schmierzustand in der Grenzreibung. Forschg. Ing.-Wesen *12* (1941) 74.
2. *Gümbel-Everling*, Reibung und Schmierung im Maschinenbau. Krayn, Berlin 1925.
3. *S. I. Needs*, Trans. Amer. Soc. mech. Engrs. *62* (1940) 331. Auszug daraus: *A. v. Philippovich*, Untersuchungen über Grenzschmierung. Z. VDI *84* (1940) 1014.
4. *E. Heidebroek*, Ölprüfungs-Ringversuche. Die Technik *2* (1947) 529.
5. *E. H. Kadmer*, Schmierstoffe und Maschinenschmierung. Borntraeger, Berlin 1941.
6. *B. Riediger*, Brennstoffe, Kraftstoffe, Schmierstoffe. Springer 1949.
7. *Wo. Ostwald* und *A. Föhre*, Beiträge zur Viskosimetrie der Schmieröle. Kolloid-Z. *45* (1928) 166 und 266.
8. *H. Umstätter*, Strukturmechanik (Ein Beitrag zur Physik der Kolloide). Steinkopff, Dresden und Leipzig 1948.
9. *W. Philippoff*, Viskosität der Kolloide. Steinkopff, Dresden und Leipzig 1942.
10. *R. Houwink*, Elastizität, Plastizität und Struktur der Materie. Steinkopff, Dresden und Leipzig 1938.
11. *G. W. Scott Blair*, Einführung in die technische Fließkunde. Steinkopff, Dresden und Leipzig 1940.
12. *G. Vogelpohl*, Zur Klärung des Gleitreibungsvorganges. Öl und Kohle 1939, 720.
13. *S. Schießl von Buda*, Versuche zur Klärung der Gültigkeitsgrenze der Hydrodynamik in dünnen Schmierölschichten. Dissertation T. H. Dresden 1948.
14. *R. Ramsauer*, Die Schmiereignung von Ölen bei der Grenzschichtreibung. Chem. Technik *1* (1949) 75.

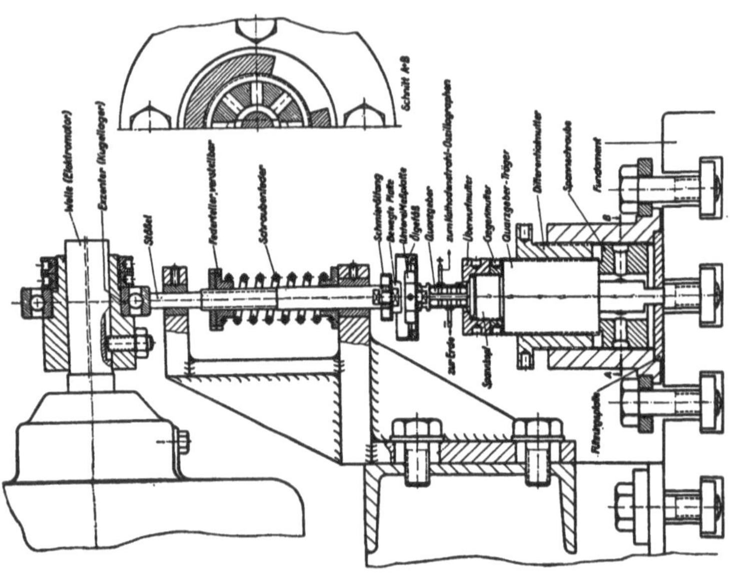

Abb. 2. Schnittzeichnung des Hauptteiles der Anlage

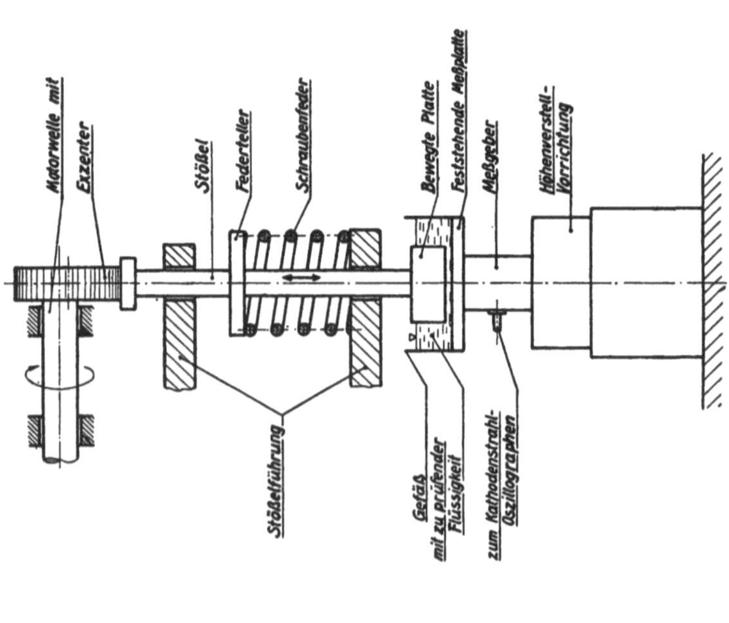

Abb. 1. Schematische Darstellung der Versuchsanlage

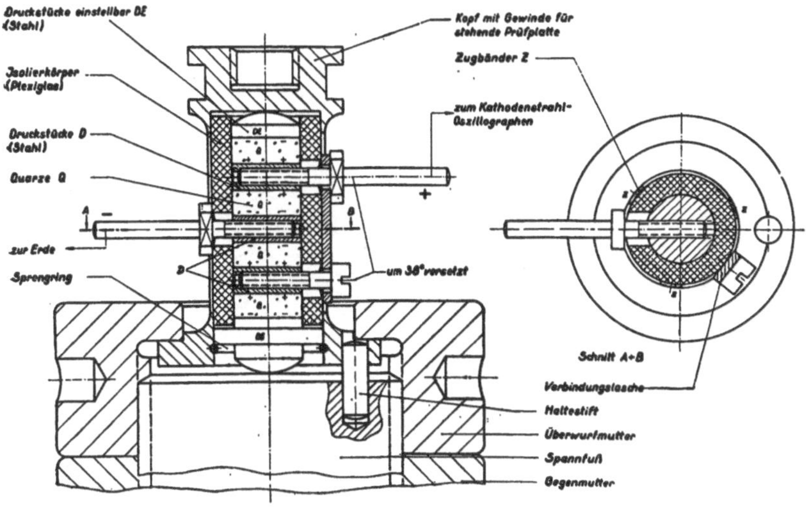

Abb. 3. Quarzmeßgeber

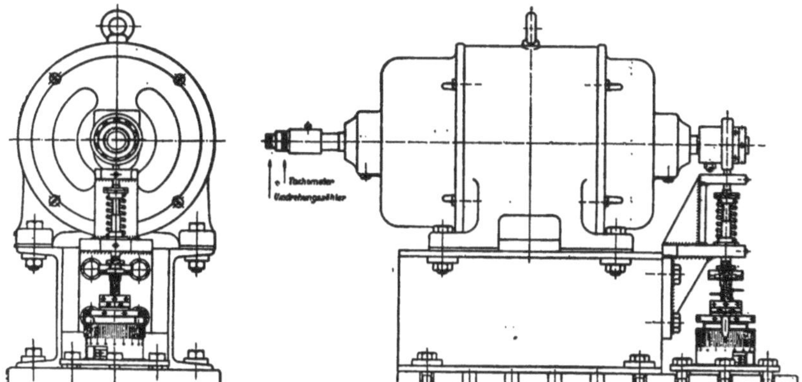

Abb. 4. Versuchsanlage

Abb. 5 und 6. Versuchsanlage

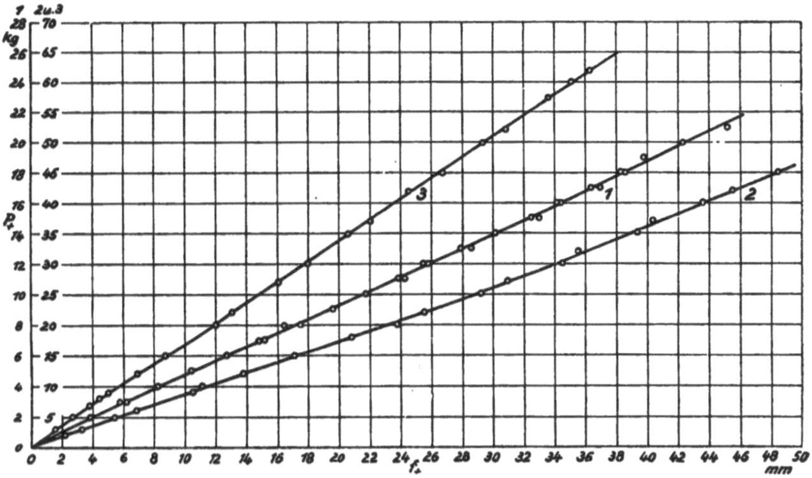

Druckkräfte in Abhängigkeit vom Ausschlag auf der Fototrommel für 3 Empfindlichkeitsstufen des Oszillographen

Abb. 7. Eichung des Quarzmeßgebers

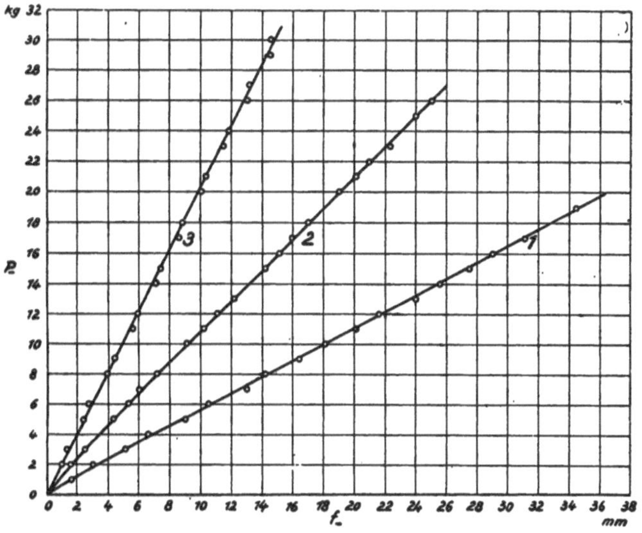

Zugkräfte in Abhängigkeit vom Ausschlag auf der Fototrommel für 3 Empfindlichkeitsstufen des Oszillographen

Abb. 8. Eichung des Quarzmeßgebers

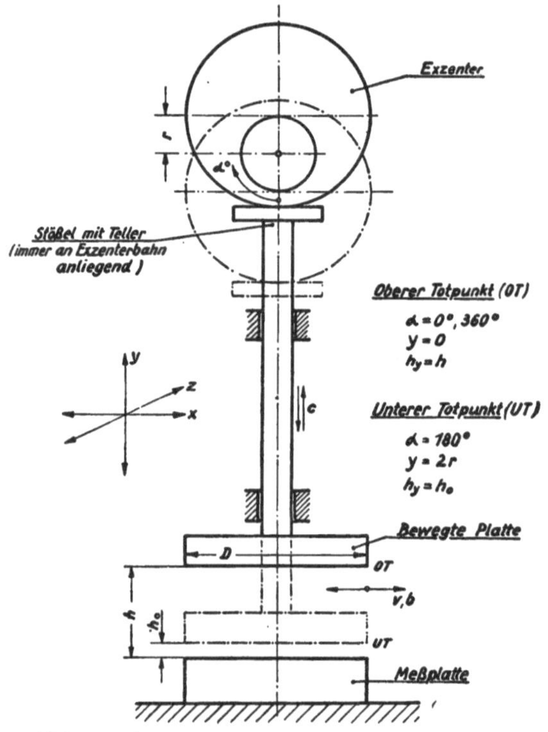

Abb. 9. Schemaskizze zur Erläuterung der theoretischen Untersuchungen

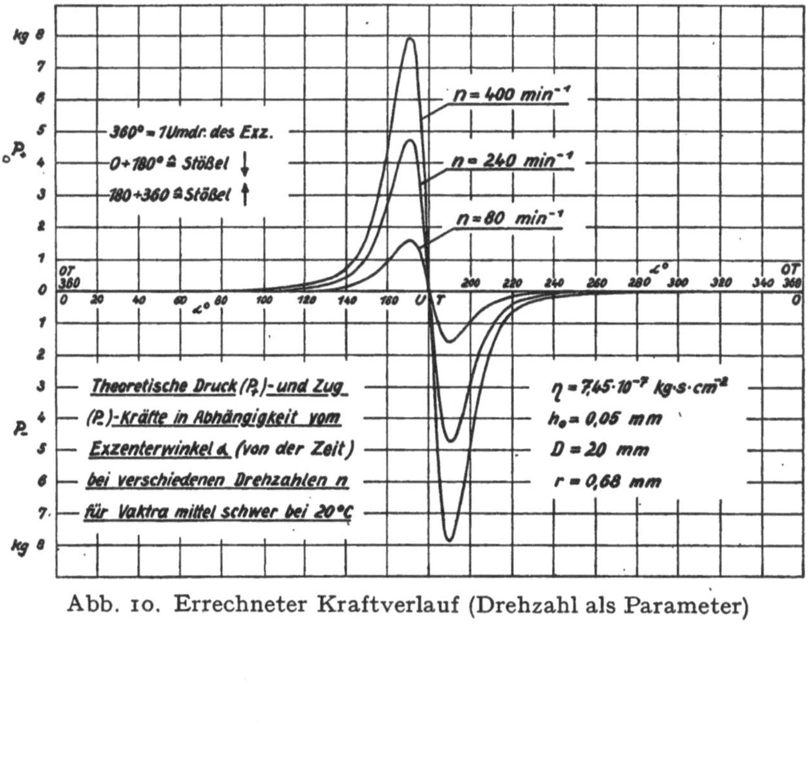

Abb. 10. Errechneter Kraftverlauf (Drehzahl als Parameter)

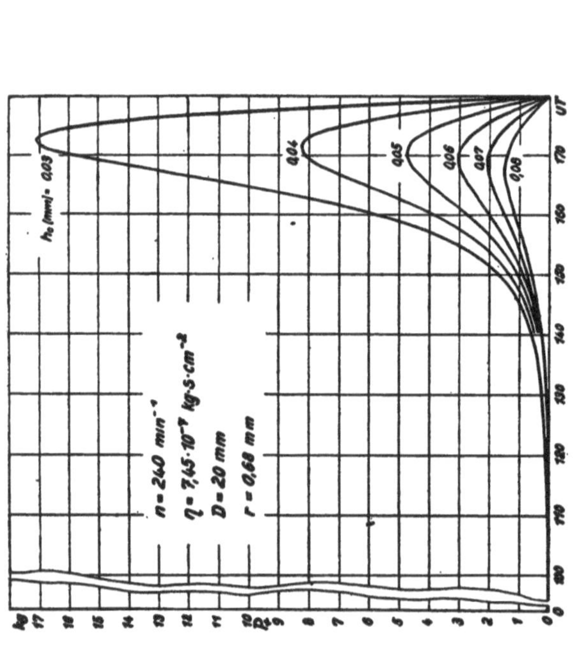

Theoretische Flüssigkeits-Druckkräfte P_+ in Abhängigkeit vom Exzenterwinkel α bei gleicher Drehzahl, aber verschiedenen minimalen Spaltweiten h_0 für Vaktra mittelschwer bei 20° C

Für die Zugkräfte ergibt sich der gleiche Verlauf wie f. d. Druckkräfte, nur spiegelbildlich u. negativ

Abb. 11. Errechneter Kraftverlauf (Minimale Spaltweite als Parameter)

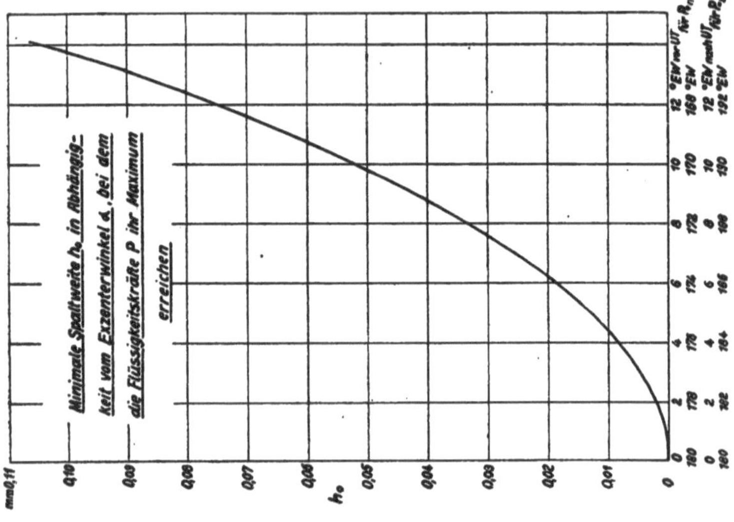

Abb. 12. Zusammenhang zwischen zeitlicher Lage des Kraftmaximums und minimaler Spaltweite

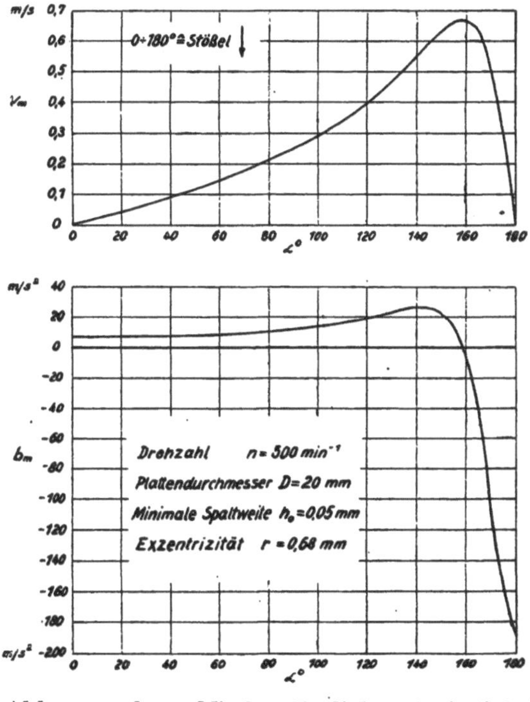

Abb. 13 und 14. Mittlere Radialgeschwindigkeit v_m und -beschleunigung b_m im äußeren Ringspalt in Abhängigkeit vom Exzenterwinkel α für eine bestimmte Drehzahl und eine halbe Umdrehung

Nr.	Bezeichnung des Schmierstoffes	Hersteller	Verwendungszweck, Aufbau	Viskosität in °E bei °C			Spezif. Gewicht bei 20° C $g \cdot cm^{-3}$	Flammpunkt °C	Stockpunkt °C
				20	50	90			
1	Vaktra mittelschwer	Deutsche Vakuum AG.	Turbinenöl	10,8	2,84	1,48	0,899	+ 172	− 41
2	Gargoyle DTE mittel	,,	,,	16,4	3,8	1,65	0,878		
3	Shell BC8	Rhenania Ossag	,,	24	4,5	1,67	0,906	+ 205	− 13,5
4	Gargoyle DTE extra schwer	Deutsche Vakuum AG.	Maschinenöl	53	9,1	2,38	0,895		
5	Gargoyle DTE AA	,,	Getriebeöl	230	22	3,45	0,940	+ 240	− 10
6	Butylen-Glykol		CH_3–CHOH–CH_2–CH_2OH	15,4	3,1	1,45	1,061	+ 180	− 60
7	LK 2200	IGF Ludwigshafen	Synthetisch Wasserlöslich		8,5				
8	H 16	IGF Ammoniakwerk Mersebg.	Synthetisches CH-Öl		9,0				

Abb. 15. Aufstellung der untersuchten Schmierstoffe

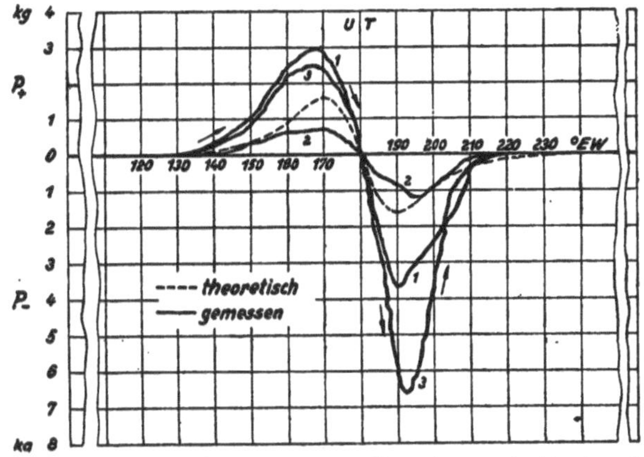

Abb. 16. Gemessene und berechnete Druck- und Zugkräfte in Abhängigkeit vom Exzenterwinkel bei einer Drehzahl von 80 min^{-1} für Vaktra mittelschwer bei 20° C

$\eta = 7{,}45 \cdot 10^{-7}$ kg · s · cm^{-2}; D = 20 mm; $h_0 = 0{,}05$ mm – 1 Frischöl, nach Messung bei n = 40 min^{-1}; 2 Nach Gesamtmessung 1 und 150 000 Umdr. bei n = 550 min^{-1}; 3 Nach Messung 1 und 2 und 40 Std. Stillstand

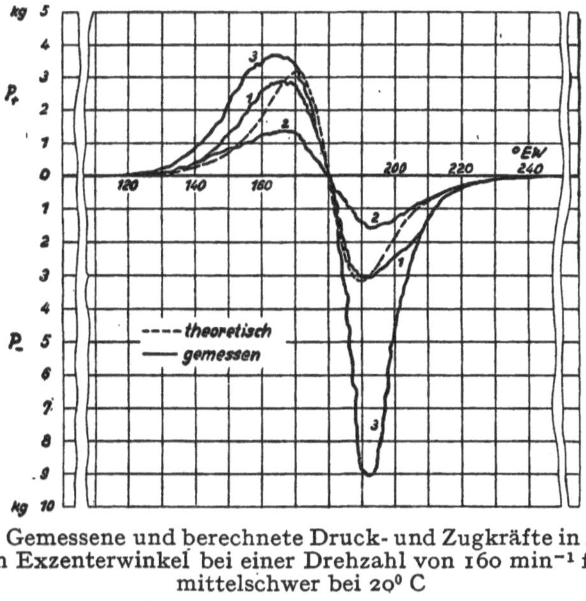

Abb. 17. Gemessene und berechnete Druck- und Zugkräfte in Abhängigkeit vom Exzenterwinkel bei einer Drehzahl von 160 min^{-1} für Vaktra mittelschwer bei 20° C

$\eta = 7{,}45 \cdot 10^{-7}$ kg · s · cm^{-2}; D = 20 mm; $h_0 = 0{,}05$ mm — 1 Frischöl, nach Messung bei n = 40 und 80 min^{-1}; 2 Nach Gesamtmessung 1 und 150 000 Umdr. bei n = 550 min^{-1}; 3 Nach Messung 1 und 2 und 40 Std. Stillstand

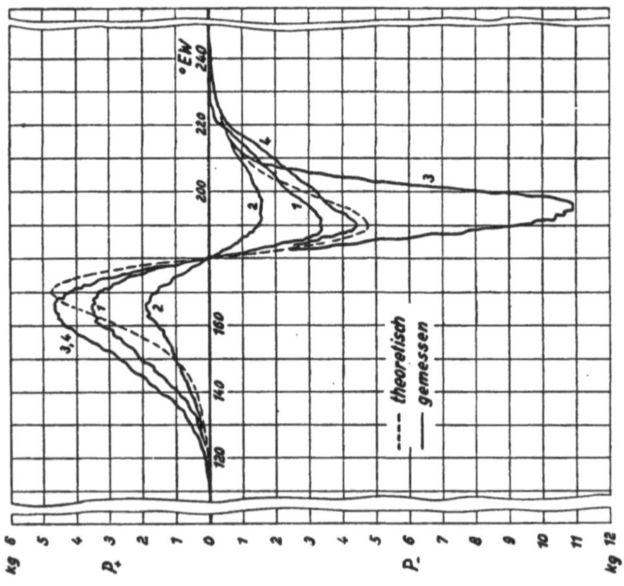

Abb. 18. Wie vorangehende Abbildungen

$n = 240\ min^{-1}$

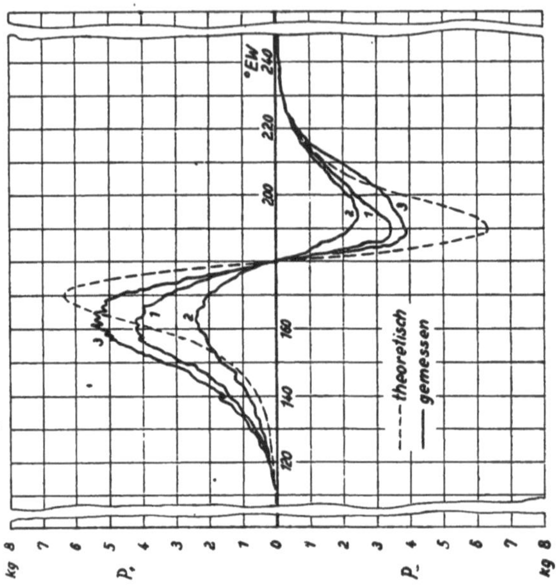

Abb. 19. Wie vorangehende Abbildungen

$n = 320\ min^{-1}$

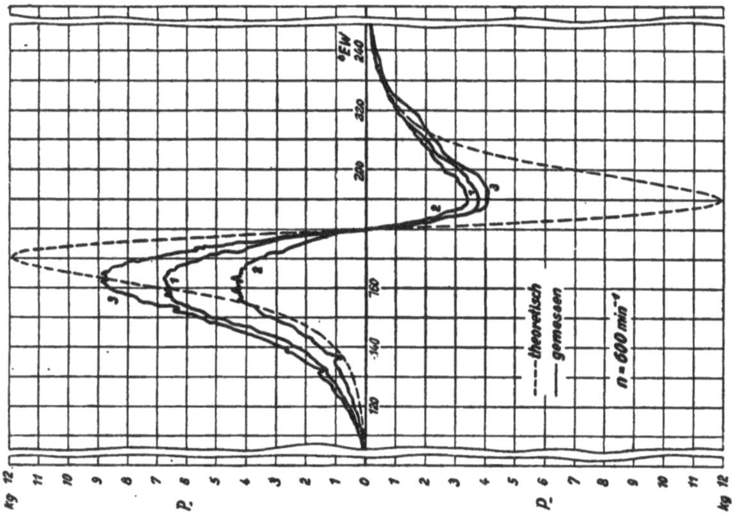

Abb. 21. Wie vorangehende Abbildungen
$n = 600\ min^{-1}$

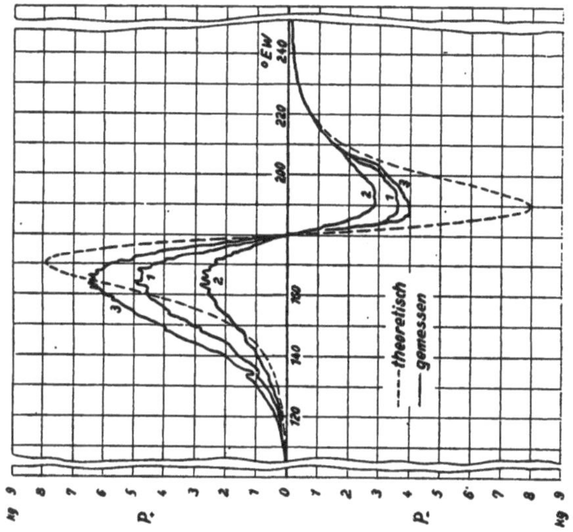

Abb. 20. Wie vorangehende Abbildungen
$n = 400\ min^{-1}$

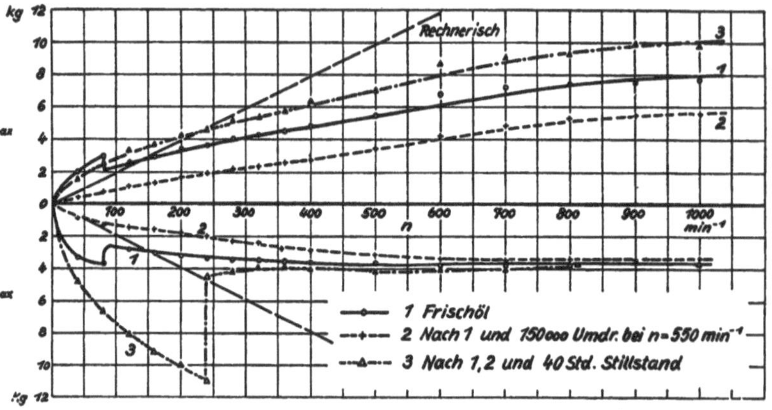

Maximale Druck- und Zugkräfte in Abhängigkeit von der Drehzahl bei verschiedener Vorgeschichte der gleichen Ölfüllung für Vaktra mittelschwer bei 20° C — D = 20 mm; $h_0 = 0{,}05$ mm

Abb. 22. Zusammenfassung der Oszillogramme nach Abb. 16 bis 21

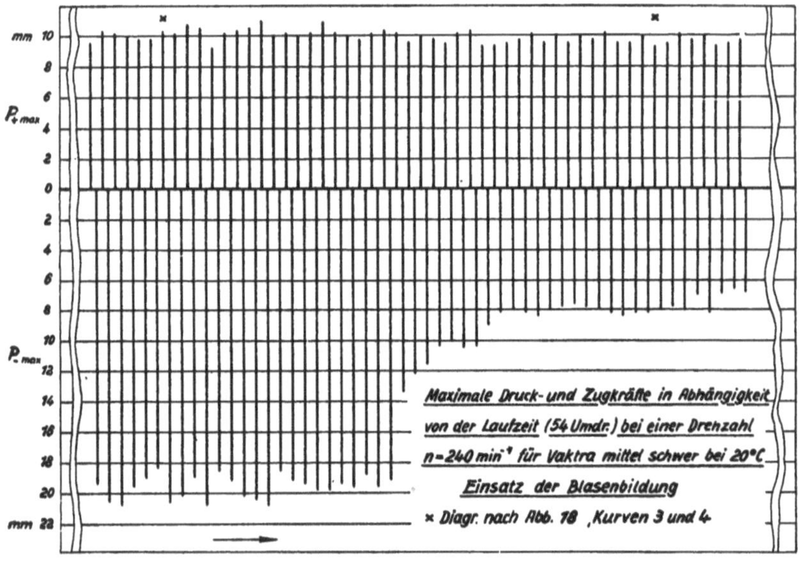

Abb. 23. Beginn der Blasenbildung im Öl während des Laufes bei konstanter Drehzahl

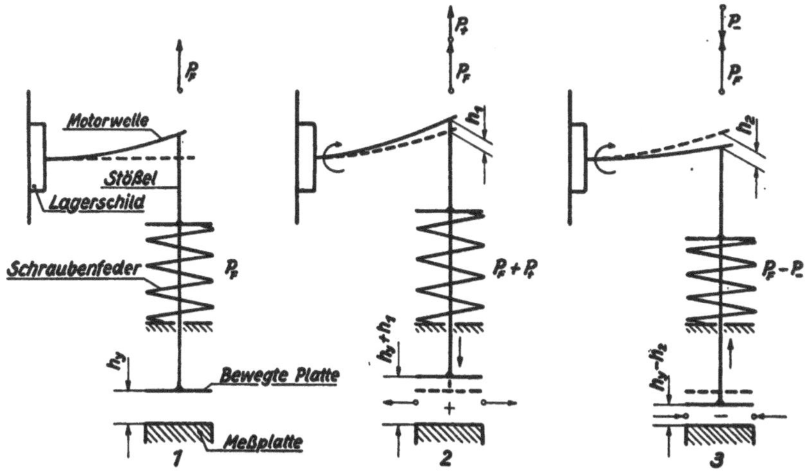

Abb. 24. Durchbiegung der Motorwelle und Veränderung der Spaltweite infolge Schraubenfederkraft und Flüssigkeitskräften (schematisch) — Durchbiegung: 0,00217 mm · kg^{-1}

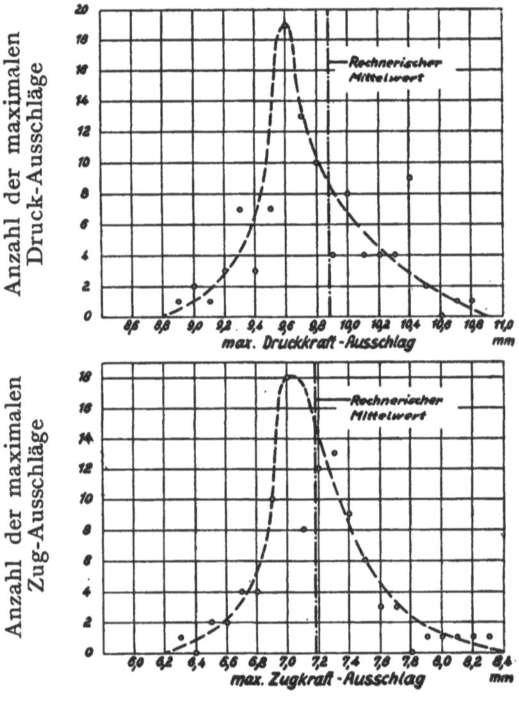

Häufigkeit der maximalen Druck- u. Zugausschläge für 100 aufeinanderfolgende Umdrehungen bei konstanter Drehzahl

Abb. 25a und b.
Reproduzierbarkeit der Einzelmeßwerte

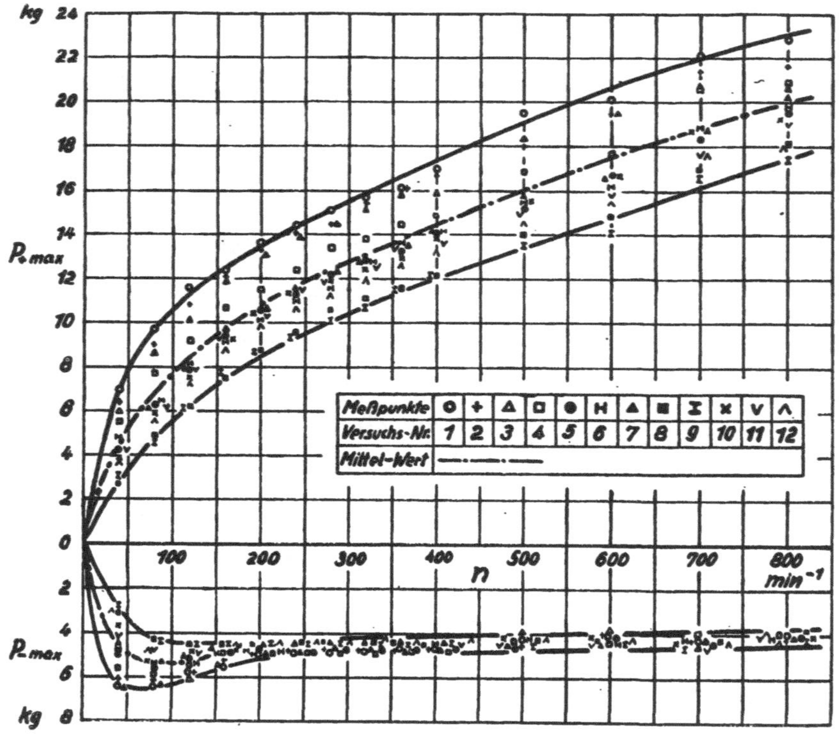

Maximale Druck- und Zugkräfte in Abhängigkeit von der Drehzahl für 12 Versuche unter den gleichen Bedingungen mit Shell BC 8 bei 20° C (jeweils Frischöl!)

$D = 20$ mm

$h_0 = 0{,}05$ mm

Abb. 26. Reproduzierbarkeit der Mittelwerte

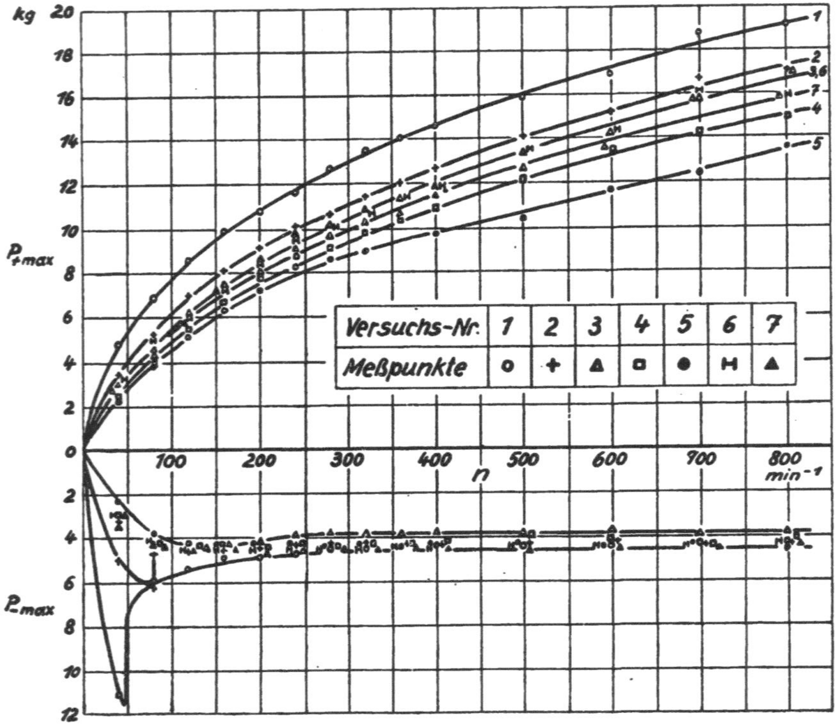

Abb. 27. Reproduzierbarkeit der Mittelwerte

Maximale Druck- und Zugkräfte in Abhängigkeit von der Drehzahl unter 7 verschiedenen Bedingungen mit Shell BC 8 bei 20° C

$D = 20$ mm; $h_0 = 0{,}05$ mm

1 Öl unter Luftzutritt in Apparatur 37 Tage ruhig gestanden

2 Frischöl aus Vorratsflasche, Flasche 10 × gekippt

3 wie 2 — weitere 10 × gekippt

4 wie 3 — weitere 10 × gekippt

5 wie 4 — Restmenge von 4 verblieben

6 Frischöl — 24 Std. später

7 wie 6 — nach Schütteln der Flasche

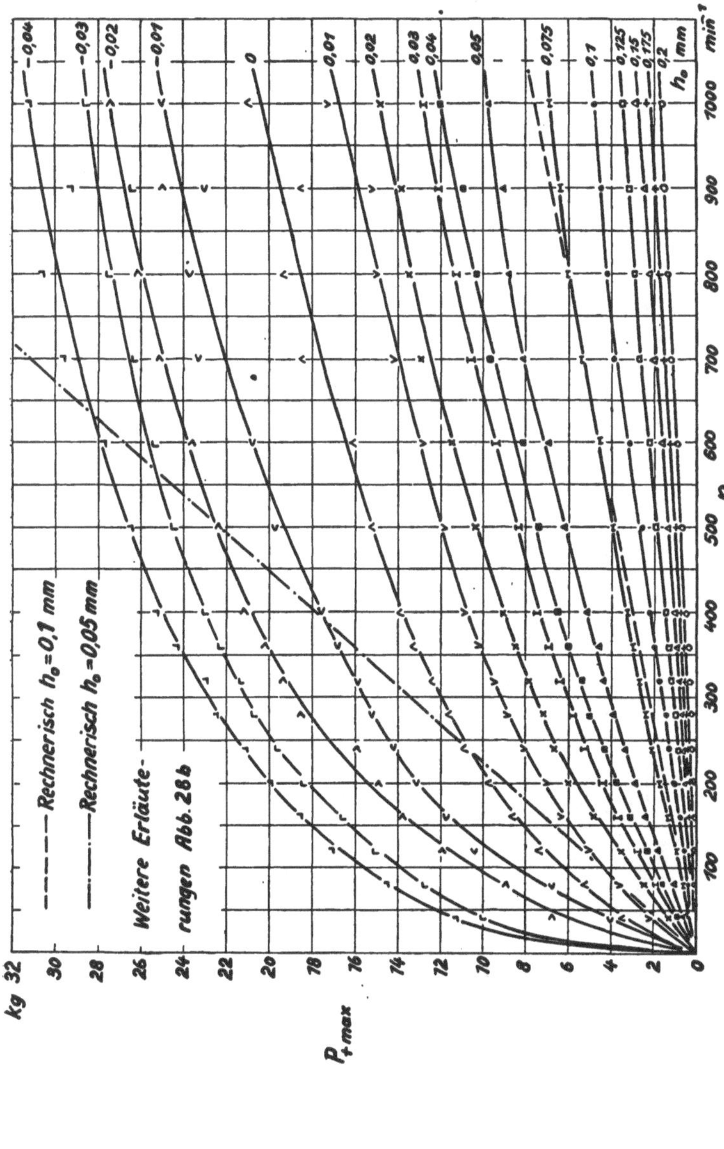

Abb. 28 a. Versuche mit verschiedenen Spaltweiten

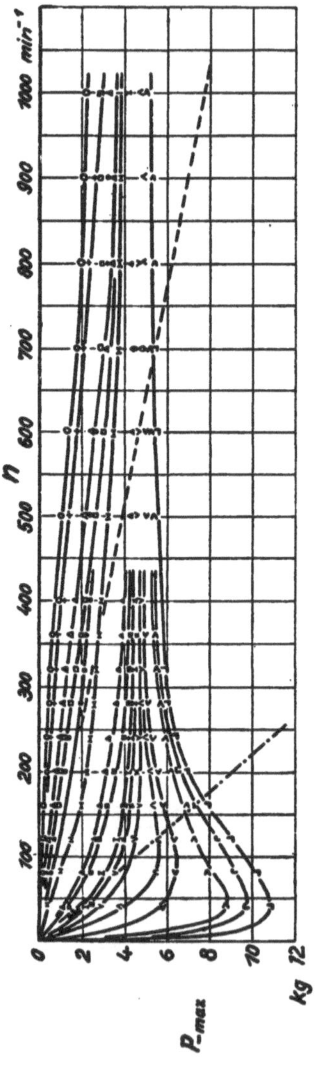

Maximale Druck- und Zugkräfte in Abhängigkeit von der Drehzahl für verschiedene minimale Spaltweiten h_0 mit Shell BC 8 bei 20° C (nach Dauerbeanspruchung 174000 Umdrehungen bei $n = 600$ min^{-1}) — Plattendurchmesser $D = 20$ mm

Abb. 28 b. Versuche mit verschiedenen Spaltweiten

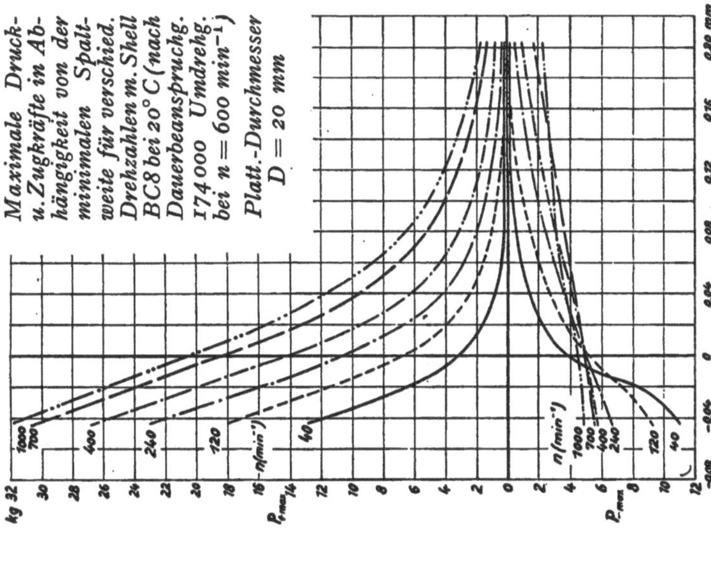

Abb 29. Versuche mit verschiedenen Spaltweiten

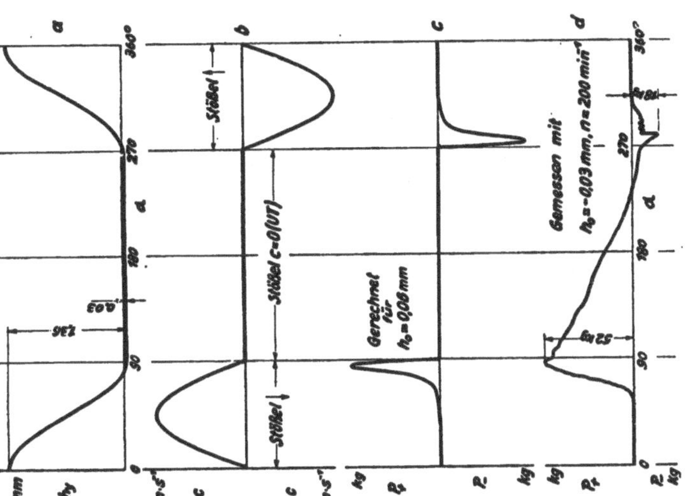

Hub- und Geschwindigkeitsgesetz der Kurvenscheibe. Errechneter u. gemessener Kräfteverlauf

Abb. 30a–d. Versuche mit einer besonderen Kurvenscheibe

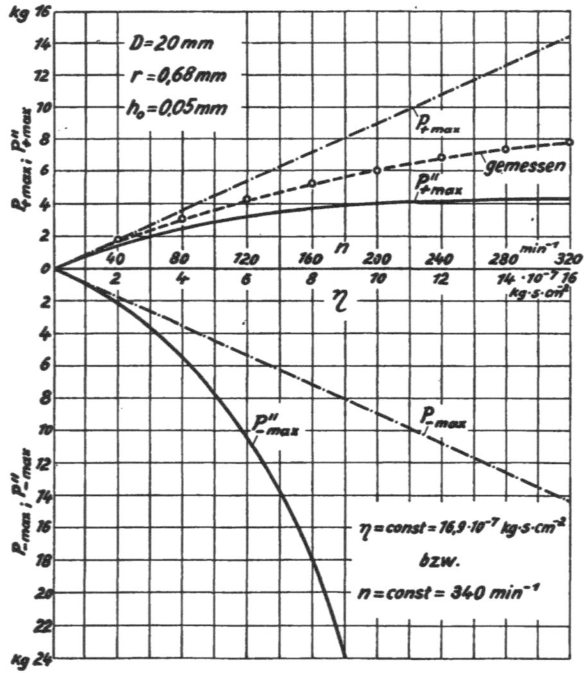

Abb. 31. Rechnerische Maximalkräfte ohne ($P_{\pm max}$) und mit Durchbiegung der Motorwelle ($P''_{\pm max} \triangleq$ *1*. Näherung) in Abhängigkeit von der absoluten Zähigkeit

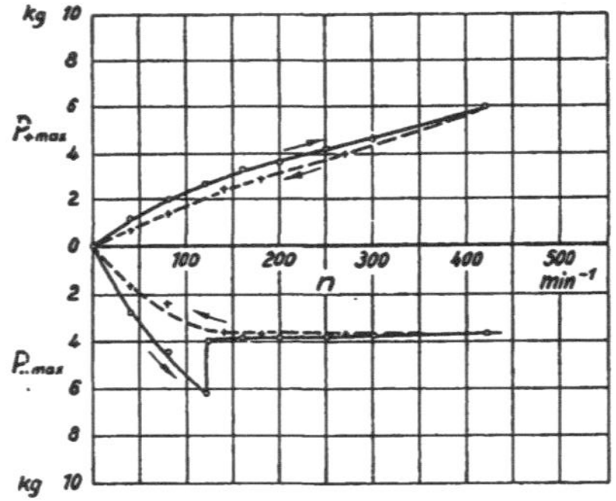

Abb. 32, Maximale Druck- und Zugkräfte in Abhängigkeit von der Drehzahl bei steigender und fallender Drehzahl für Butylen-Glykol bei 15° C (frisch)

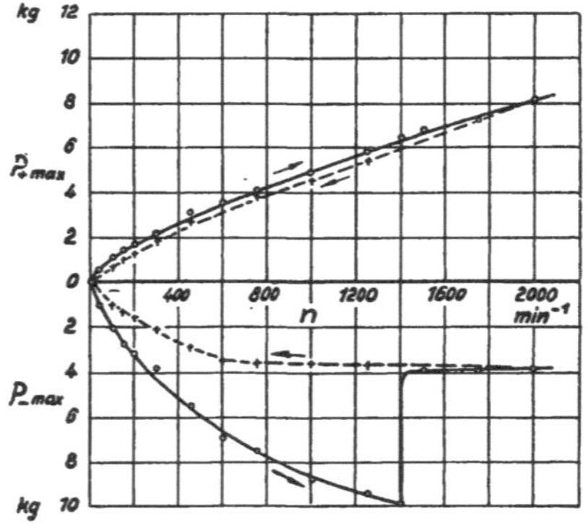

Abb. 33. Wie oben, Flüssigkeit mehrfach mechanisch beansprucht und gestanden

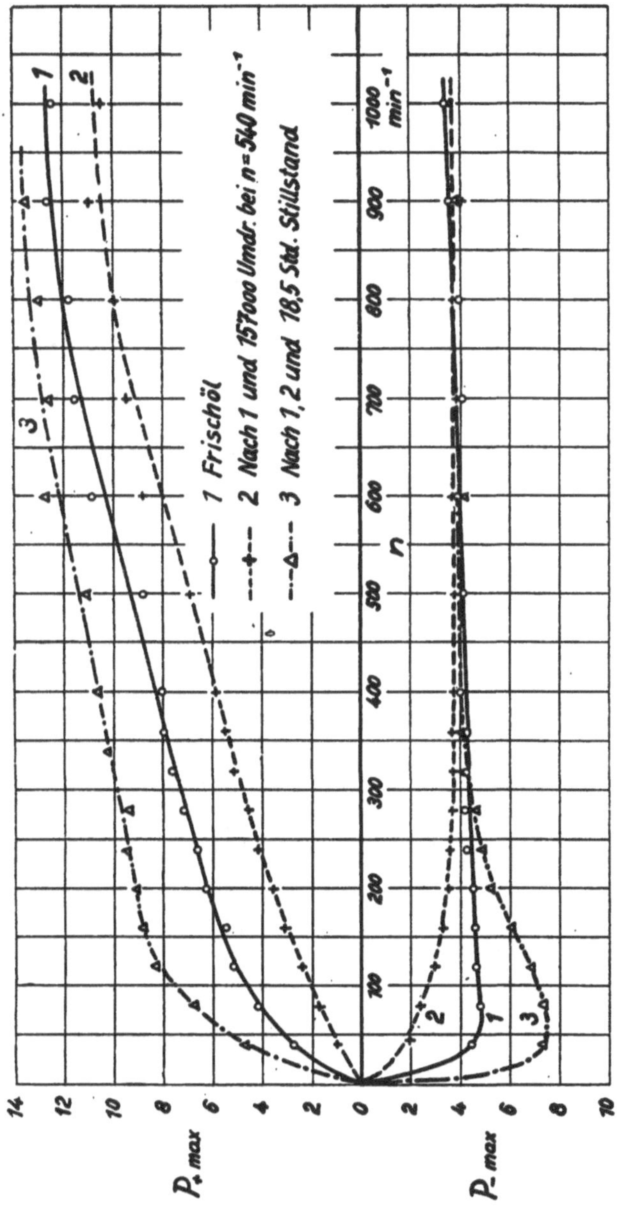

Abb. 34. Maximale Druck- und Zugkräfte in Abhängigkeit von der Drehzahl bei verschiedener Vorgeschichte der gleichen Ölfüllung für Gargoyle DTE mittel bei 20° C

$D = 20\ mm;\ h_0 = 0{,}05\ mm$

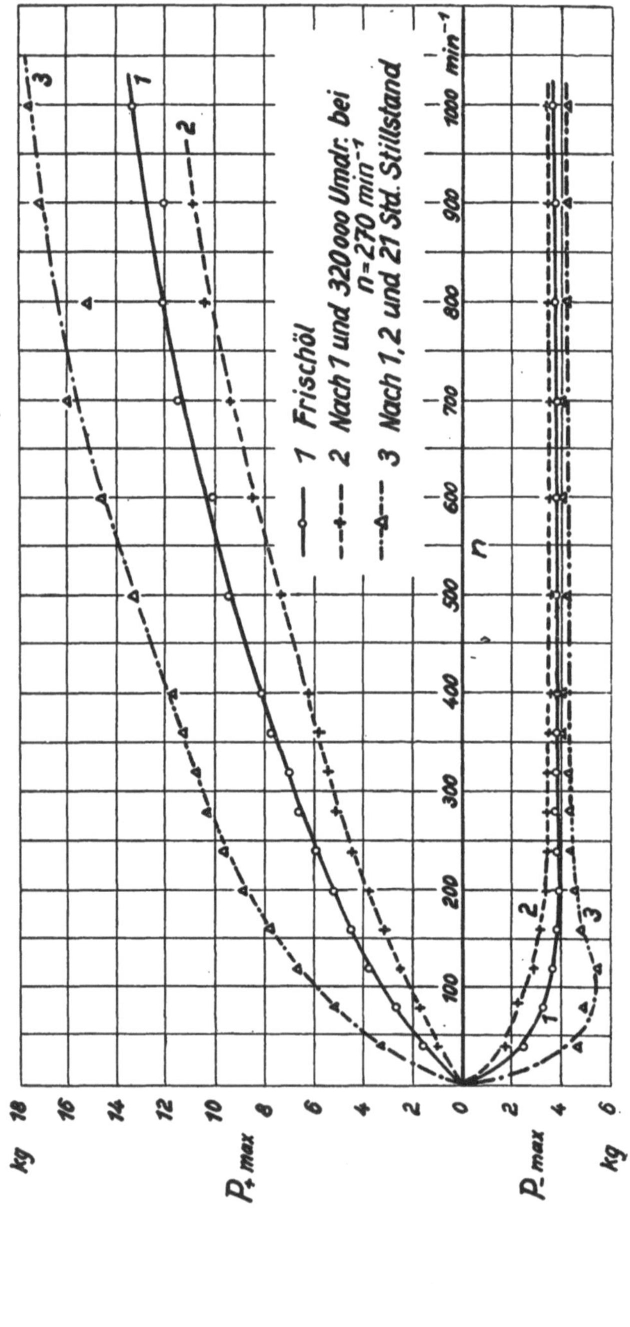

Abb. 35. Maximale Druck- und Zugkräfte in Abhängigkeit von der Drehzahl bei verschiedener Vorgeschichte der gleichen Ölfüllung für vollsynthetisches Öl H 16 bei 20° C

$D = 20$ *mm*; $h_0 = 0{,}05$ *mm*

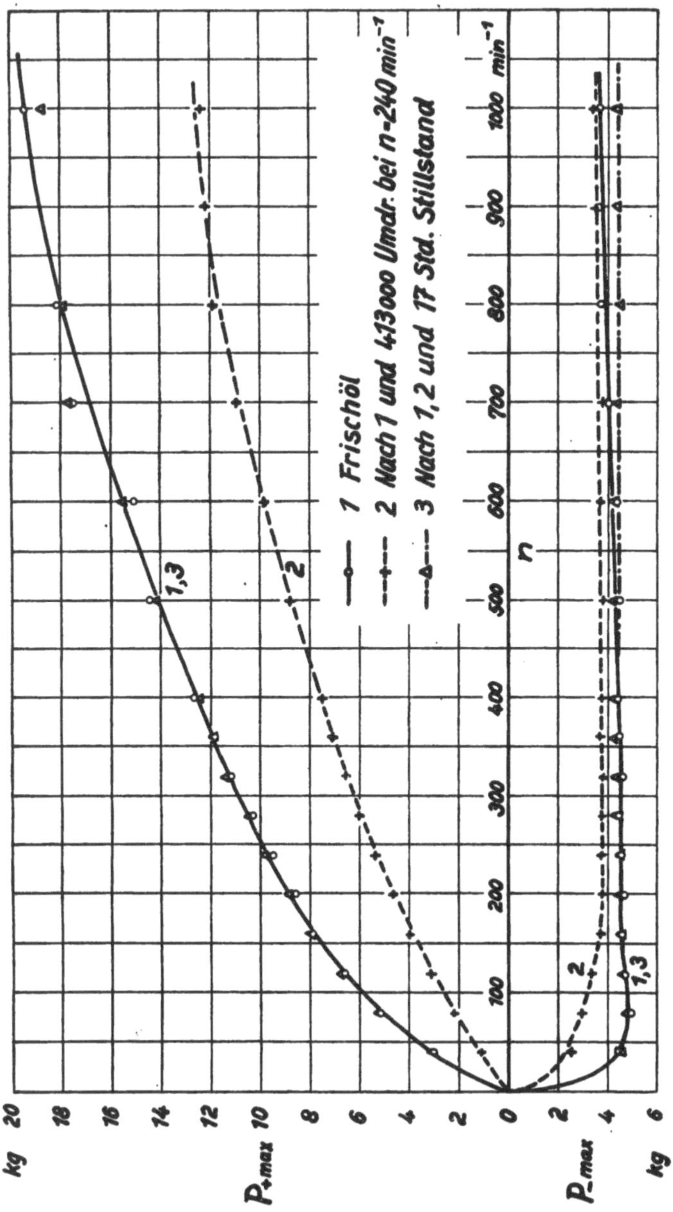

Abb. 36. Maximale Druck- und Zugkräfte in Abhängigkeit von der Drehzahl bei verschiedener Vorgeschichte der gleichen Ölfüllung für synth. wasserlösl. LK 2200 bei 20° C

$D = 20\ mm;\ h_0 = 0{,}05\ mm$

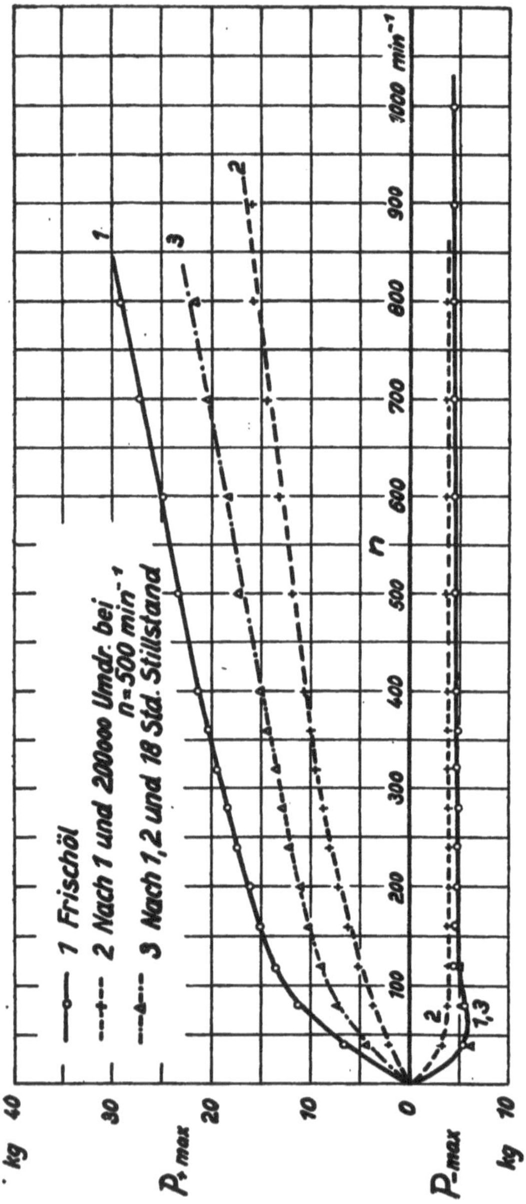

Abb. 37. Maximale Druck- und Zugkräfte in Abhängigkeit von der Drehzahl bei verschiedener Vorgeschichte der gleichen Ölfüllung für Gargoyle DTE extra schwer bei 20° C

$D = 20\ mm;\ h_0 = 0{,}05\ mm$

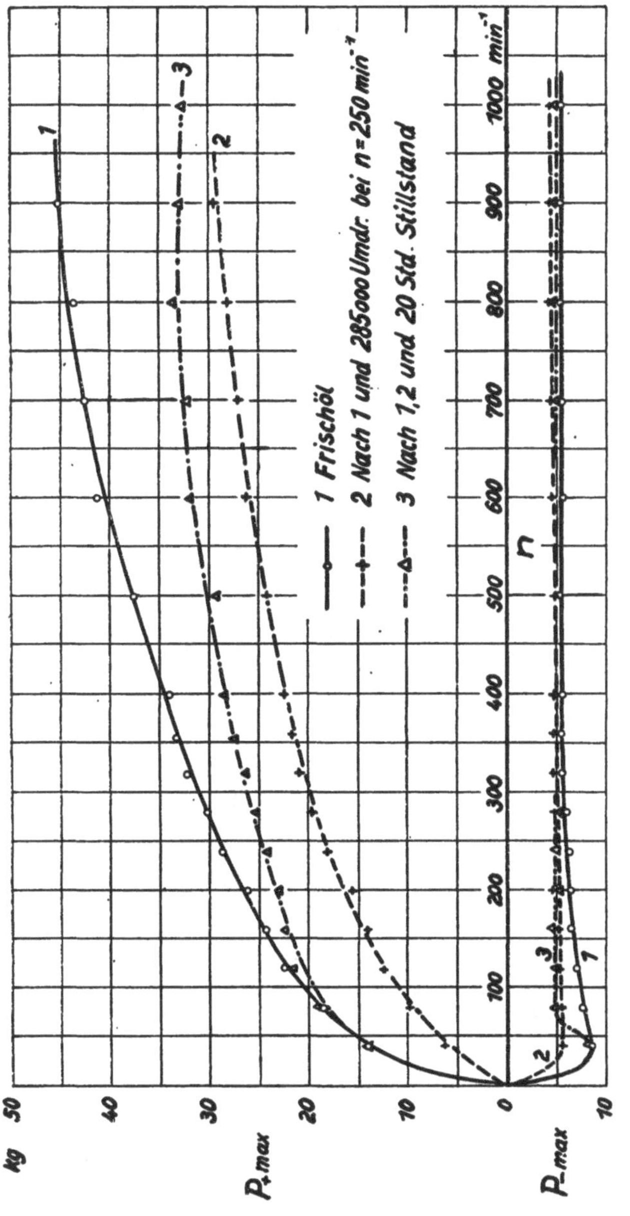

Abb. 38. Maximale Druck- und Zugkräfte in Abhängigkeit von der Drehzahl bei verschiedener Vorgeschichte der gleichen Ölfüllung für Gargoyle DTE AA bei 20° C

$D = 20\ mm;\ h_0 = 0{,}05\ mm$

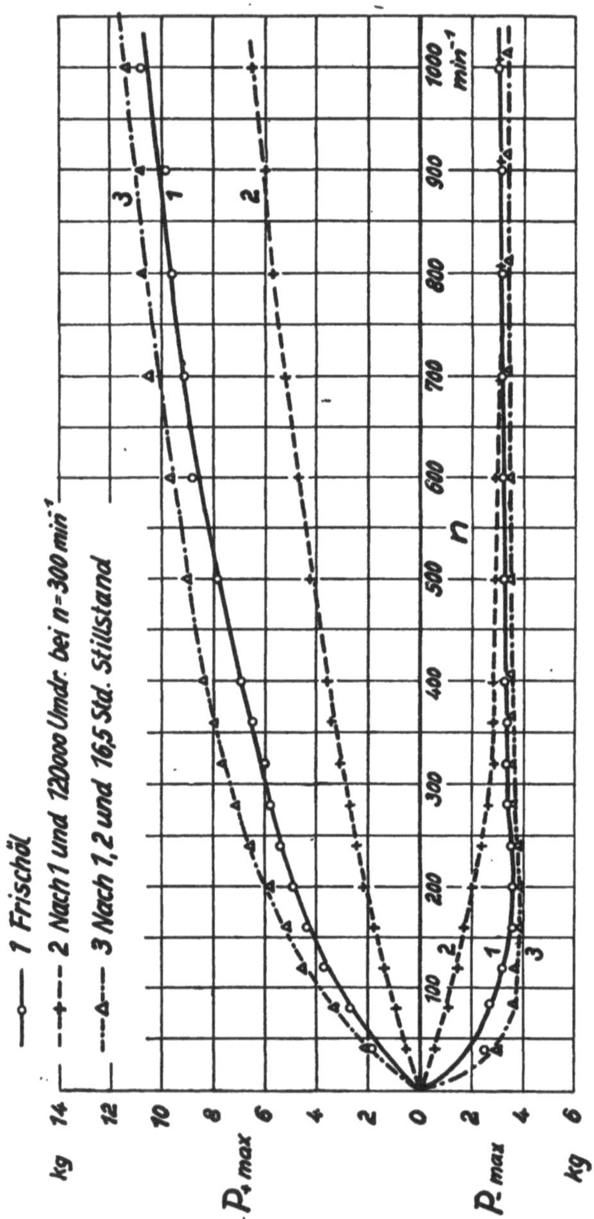

Abb. 39. Maximale Druck- und Zugkräfte in Abhängigkeit von der Drehzahl bei verschiedener Vorgeschichte der gleichen Ölfüllung für Vaktra mittelschwer bei 20° C

$D = 20$ mm; $h_0 = 0{,}05$ mm

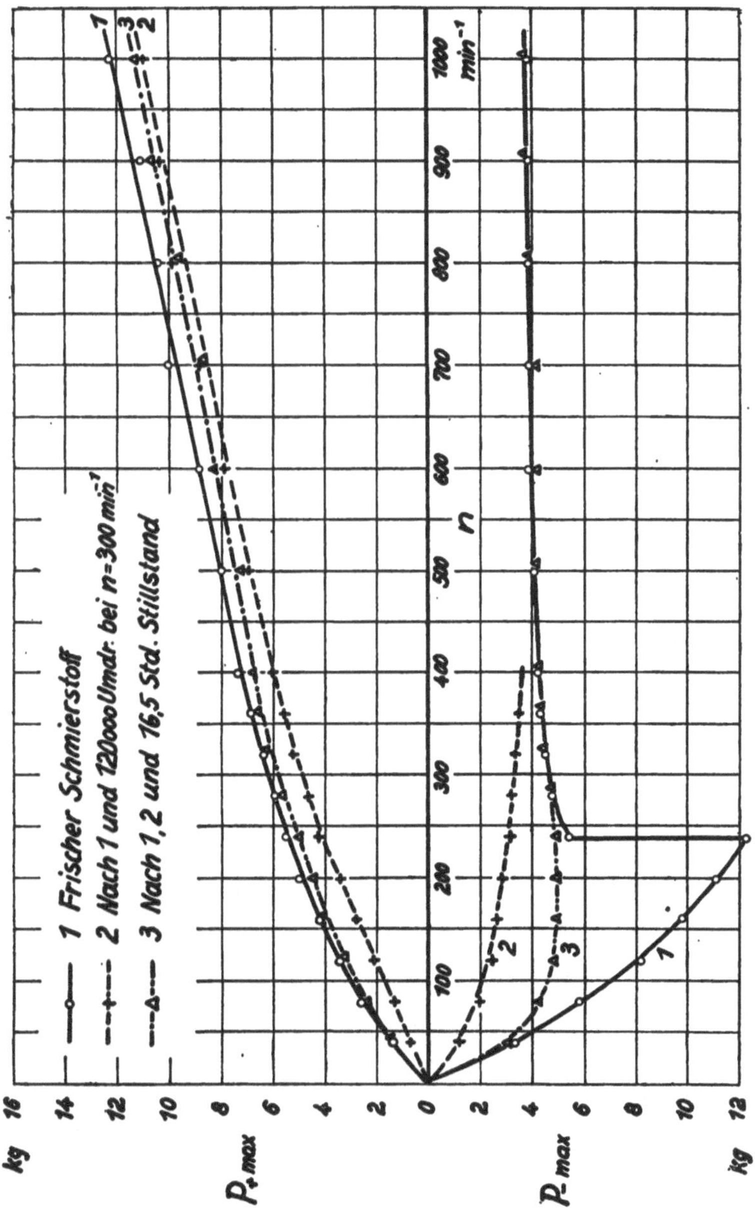

Abb. 40. Maximale Druck- und Zugkräfte in Abhängigkeit von der Drehzahl bei verschiedener Vorgeschichte der gleichen Ölfüllung für Butylen-Glykol bei 20° C. — $D = 20\ mm$; $h_0 = 0{,}05\ mm$

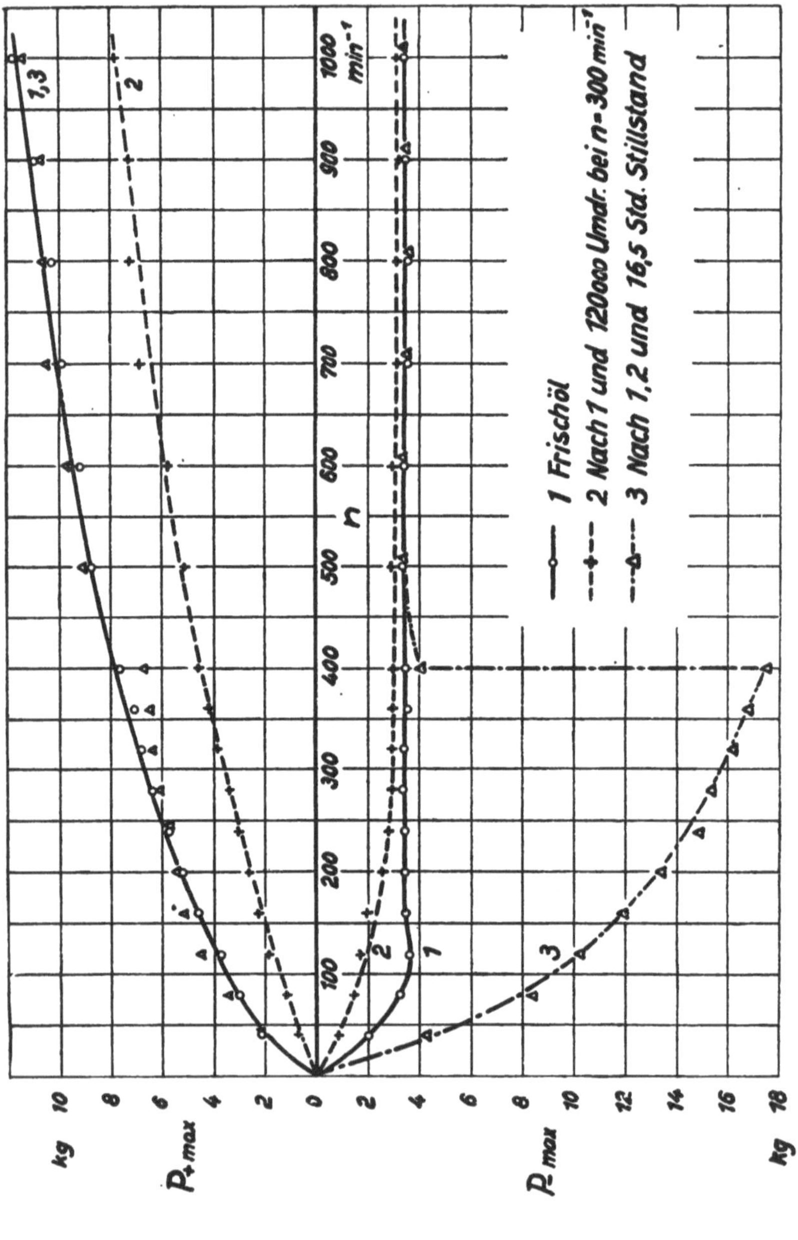

Abb. 41. Maximale Druck- und Zugkräfte in Abhängigkeit von der Drehzahl bei verschiedener Vorgeschichte der gleichen Ölfüllung f. Gargoyle DTE mittel bei 20° C. — $D = 20\ mm$; $h_0 = 0{,}05\ mm$

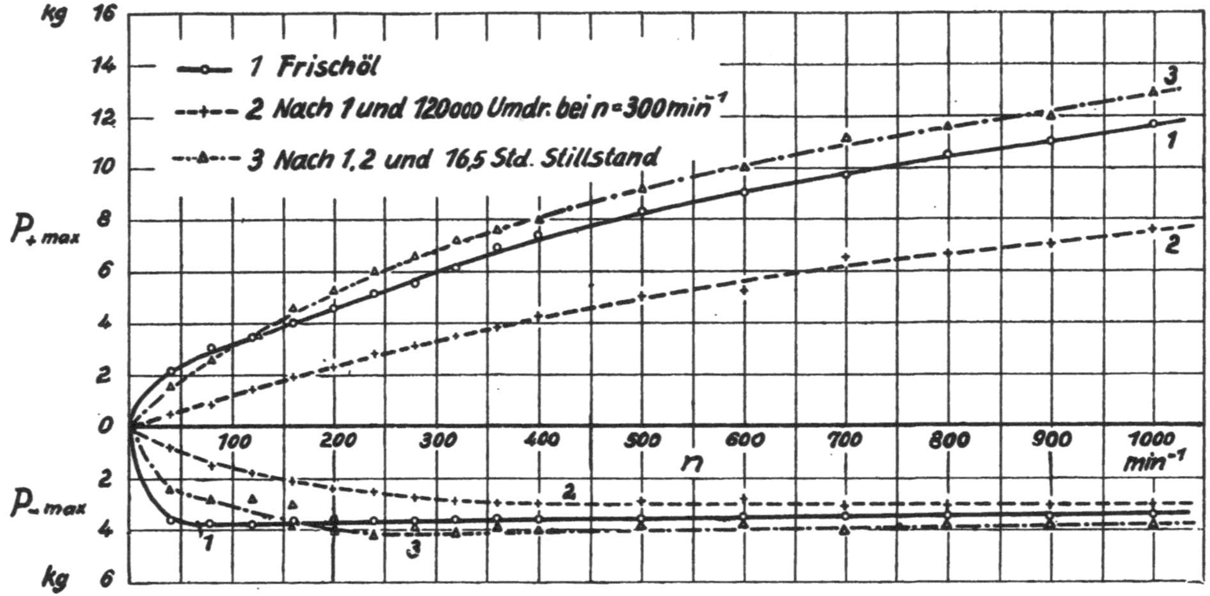

Abb. 42. Maximale Druck- und Zugkräfte in Abhängigkeit von der Drehzahl bei verschiedener Vorgeschichte der gleichen Ölfüllung für Shell BC 8 bei 20° C

$D = 20\ mm;\ h_0 = 0{,}05\ mm$

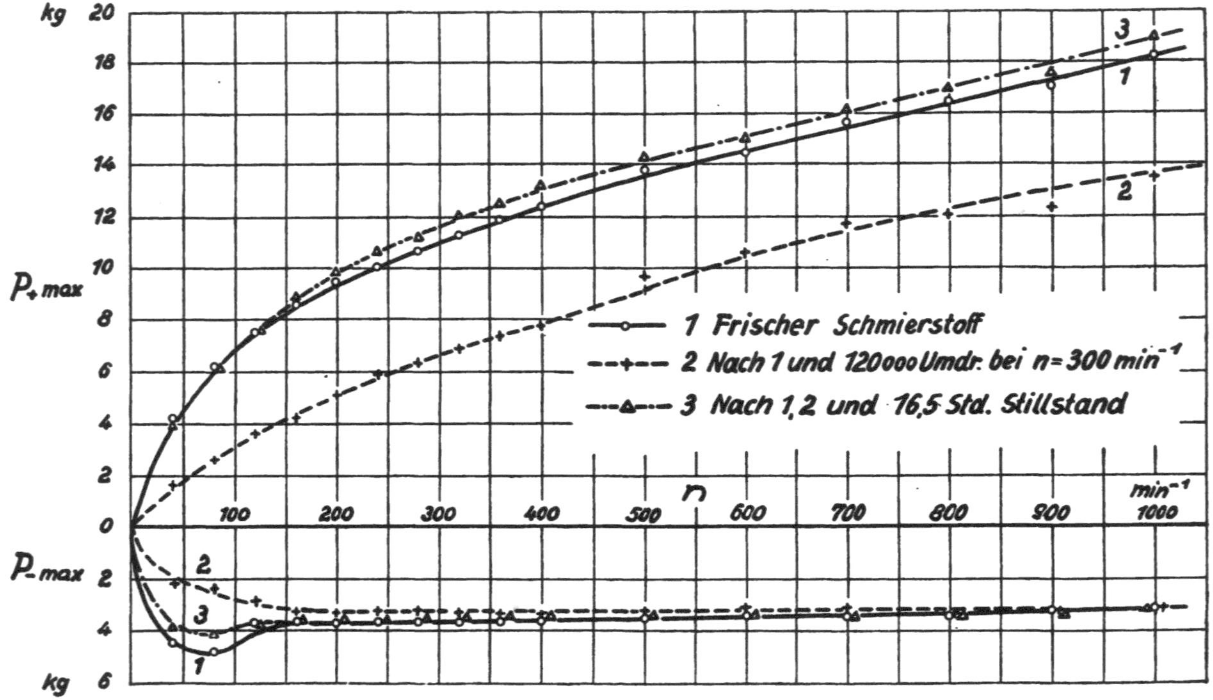

Abb. 43. Maximale Druck- und Zugkräfte in Abhängigkeit von der Drehzahl bei verschiedener Vorgeschichte der gleichen Ölfüllung für LK 2200 bei 20° C. — $D = 20\ mm$; $h_0 = 0{,}05\ mm$

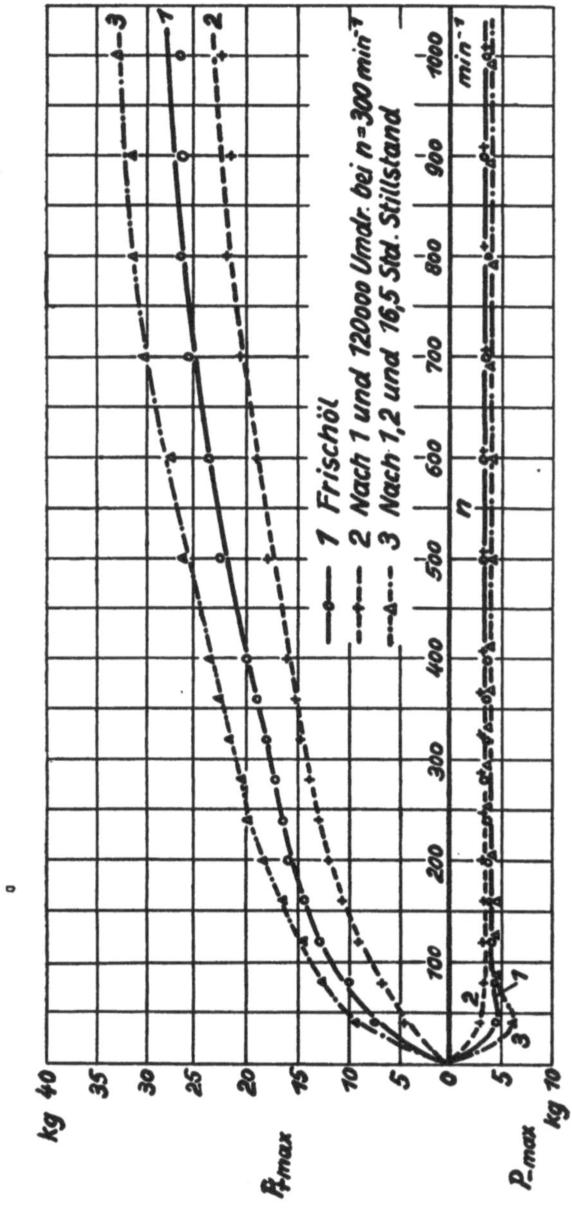

Abb. 44. Maximale Druck- und Zugkräfte in Abhängigkeit von der Drehzahl bei verschiedener Vorgeschichte der gleichen Ölfüllung für Gargoyle DTE AA bei 20° C

$D = 20\ mm;\ h_0 = 0{,}05\ mm$

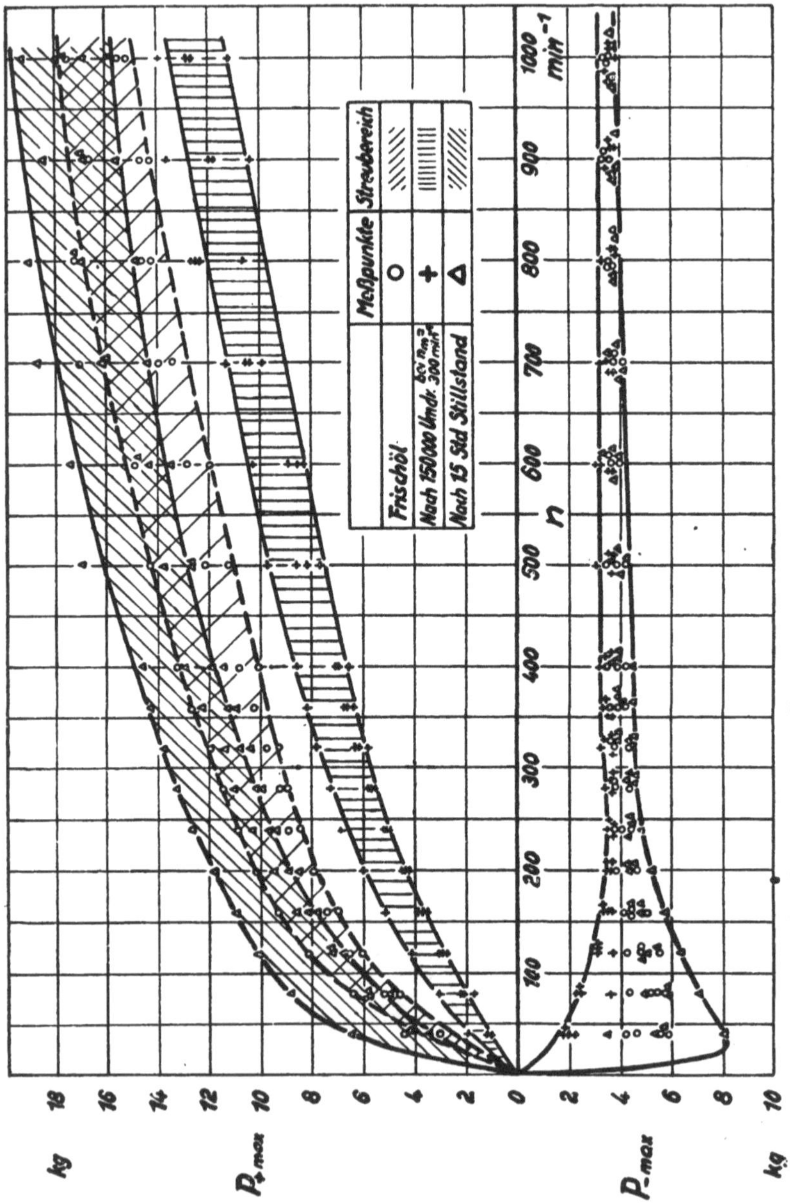

Abb. 45. Maximale Druck- und Zugkräfte in Abhängigkeit von der Drehzahl bei verschiedener Vorgeschichte der gleichen Ölfüllung für Shell BC 8 bei 20° C; Streubereiche bei 4 Versuchen unter gleichen Bedingungen für die Druckkräfte. — $D = 20\ mm$; $h_0 = 0{,}05\ mm$

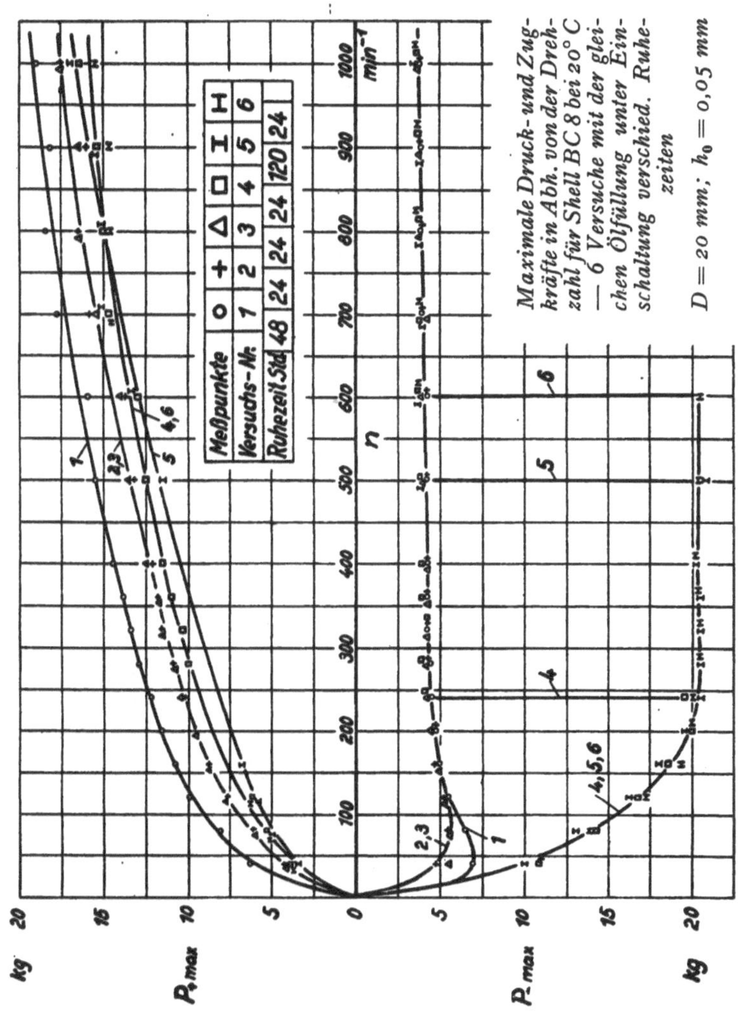

Maximale Druck- und Zugkräfte in Abh. von der Drehzahl für Shell BC 8 bei 20° C — 6 Versuche mit der gleichen Ölfüllung unter Einschaltung verschied. Ruhezeiten

$D = 20$ mm; $h_0 = 0{,}05$ mm

Abb. 46. Flüssigkeitskräfte und Ruhepausen

Schmierstoff		Viskosität bei 50° C °E	2 %	3 %
Vaktra mittelschwer		2,84	52,7	107,6
Butylen-Glykol		3,1	84,2	94,3
Gargoyle DTE mittel		3,8	59,6	101,2
Shell BC 8	1	4,5	57,5	110,4
	2		64,2	122,0
	3		65,1	115,6
	4		69,3	108,8
	Mittel		64,0	114,2
LK 2200		8,5	64,5	104,6
Gargoyle DTE AA		22	79,0	120,0

Prozentuale Veränderung der Summe aus 16 Druckkraftmessungen des Drehzahlbereiches, von 40 bis 1000 min^{-1} nach Dauerbeanspruchung 120 000 Umdr. bei $n = 300\ min^{-1}$ (2) und Ruhezeit 16,5 Std. (3) gegenüber der mit Frischöl gemessenen (100 %)

Abb. 47. Zusammenstellung der Ergebnisse nach Abb. 39 bis 45

Prüfgerät	*Höppler*-Viskosimeter	Ölprüfgerät nach *Heidebroek*	*Tränkner*-Federreibungswaage	Zahnrad-Prüfgerät
Meßgröße	Fallzeit der Kugel, Umrechnung auf absolute Zähigkeit bei 20° C	Abreißzeit t_z aus Kontaktzustand bei 30° C, Umrechnung auf Abreißzähigkeit $\eta_z = \sigma_z \times t_z$	Reibungszahl μ, Umfangsgeschw. 0,25 $mm \cdot s^{-1}$, Stahl-WM 80, 4 $kg \cdot cm^{-2}$ Belastung, 20° C	Laufzeit bei 1 cm^3 Öl bis zum Auftritt von Reiboxydation an 5 Zahnflanken 20° C
Schmierstoff	$\eta\ kg \cdot s \cdot cm^{-2}$	$\psi = \eta_z/\eta$	μ	Ro min
Vaktra mittelschwer	$7{,}5 \times 10^{-7}$	$2{,}66 \times 10^7$	0,126	130
Gargoyle DTE mittel	11,2	1,59	0,110	93
Shell BC 8	16,9	2,38	0,107	60
Gargoyle DTE extra schwer	36,8	2,06	0,114	54
Gargoyle DTE AA	167	2,96		70
Butylen-Glykol	$12{,}6 \times 10^{-7}$	$1{,}58 \times 10^7$	0,191	21

Abb. 48. Ergebnisse der Untersuchungen an den weiteren Versuchsgeräten des Laboratoriums mit den gleichen Schmierstoffen

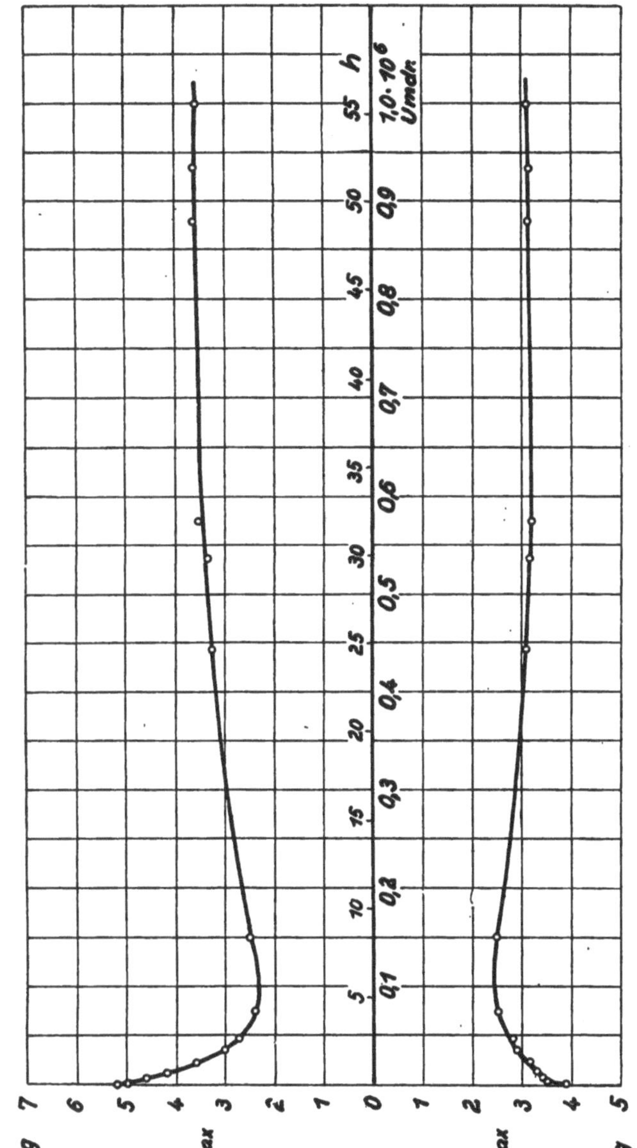

Abb. 49. Maximale Druck- und Zugkräfte in Abhängigkeit von der Laufzeit bei einer Drehzahl $n = 300$ min^{-1} für Shell BC 8 (nach 300000 Umdr. bei $n = 500$ min^{-1} und 70 Std. Stillstand) bei 20° C

$D = 20$ *mm*; $h_0 = 0,05$ *mm*

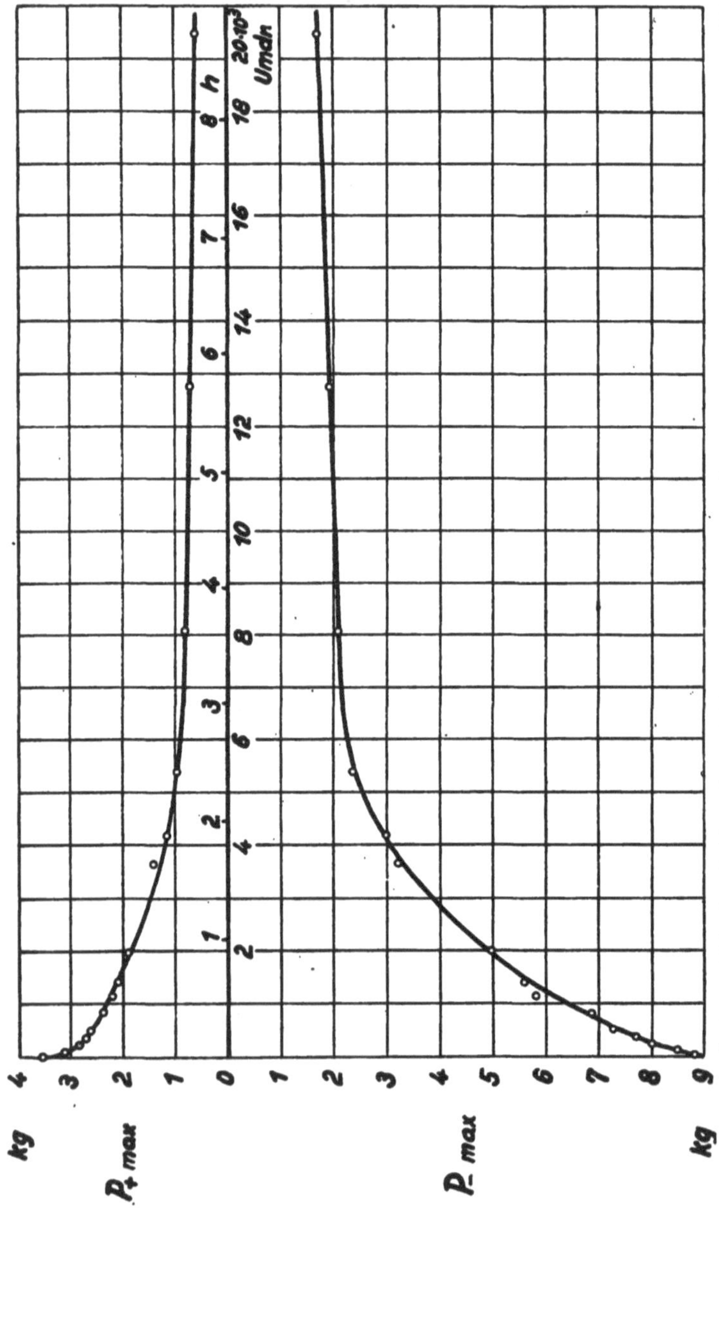

Abb. 50. Maximale Druck- und Zugkräfte in Abhängigkeit von der Laufzeit bei einer Drehzahl $n = 37{,}5$ min^{-1} für Shell BC 8 bei 20° C (Frischöl) — ohne Blasenbildung!

$D = 20$ *mm*; $h_0 = 0{,}05$ *mm*

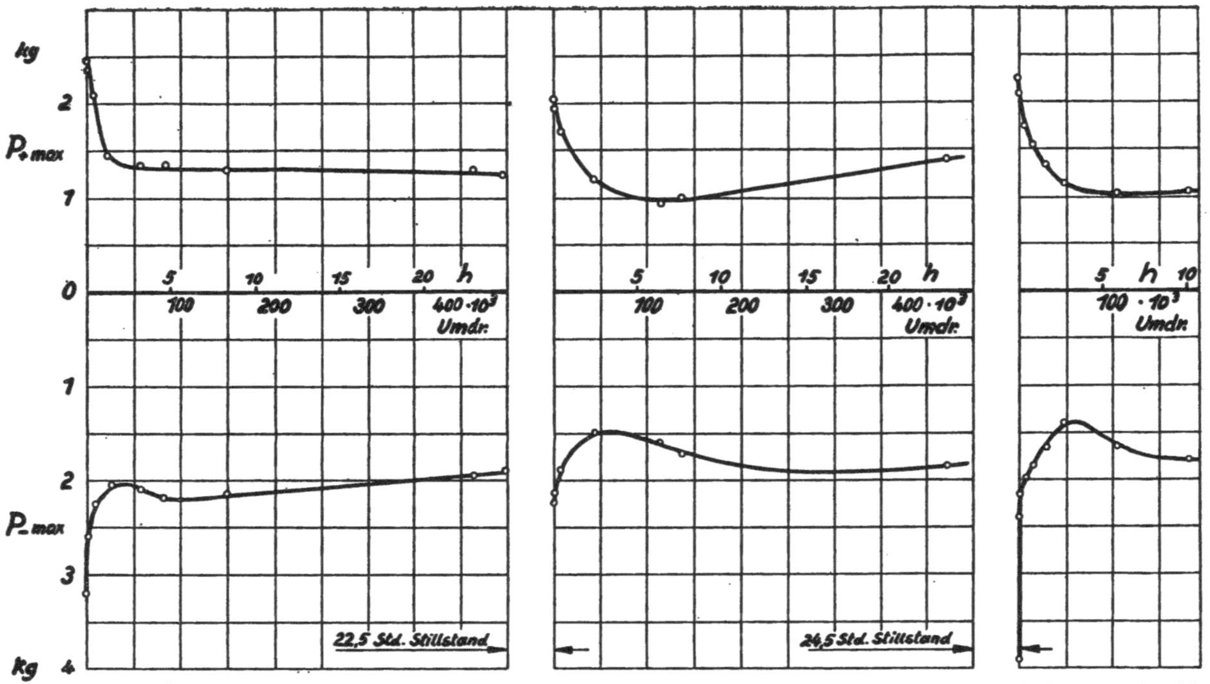

Abb. 51. Maximale Druck- und Zugkräfte in Abhängigkeit von der Laufzeit bei einer Drehzahl $n = 300$ min⁻¹ für Vaktra mittelschwer bei 20° C — 3 Versuche mit der gleichen Ölfüllung unter Einschaltung von 2 Ruhezeiten

$D = 20$ *mm*; $h_0 = 0{,}05$ *mm*

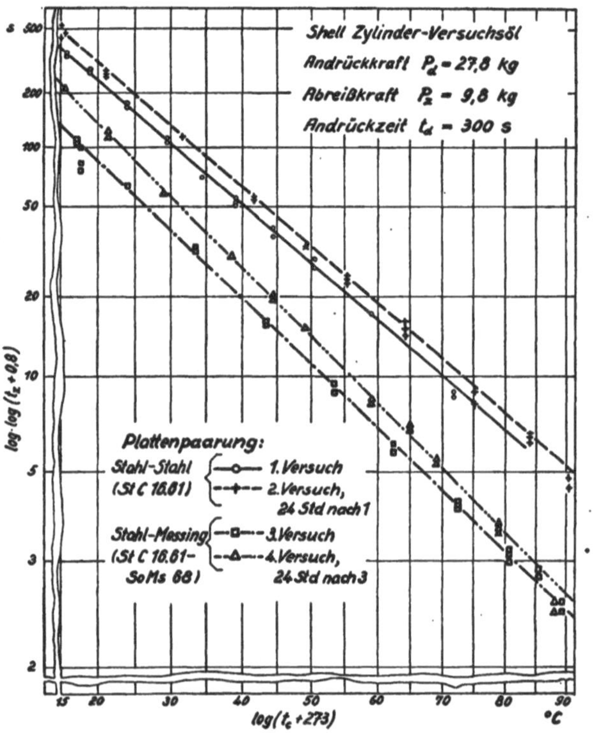

Abreißzeiten in Abhängigkeit von der Öltemperatur, $t_z = f(t_c)$

Abb. 52. Versuche am Ölprüfgerät nach *Heidebroek*

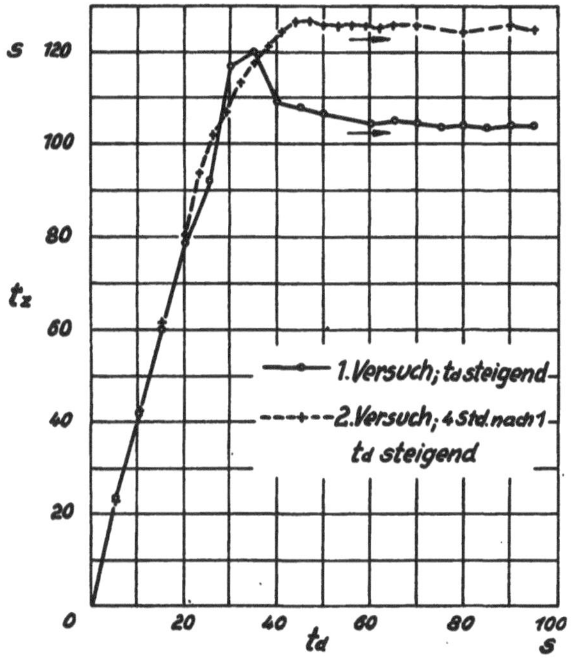

Abreißzeit in Abhängigkeit von der Andrückzeit

$t_z = f(t_d)$

Versuchsöl: Shell BC 8; Andrückkraft $P_d = 21,6$ kg; Abreißkraft $P_z = 6,0$ kg; Platten-∅: 48 mm; Plattenpaarung: Stahl-Stahl (StC 16.61); Öltemp. $t_c = 20^0$ C

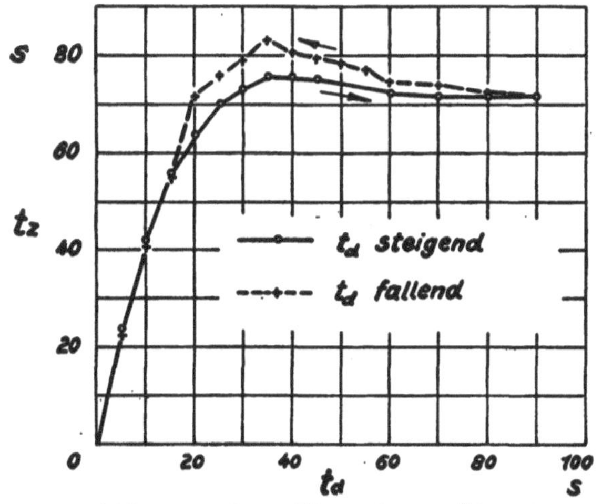

Wie oben

Öltemp. $t_c = 22^0$ C

Abb. 53 und 54. Versuche am Ölprüfgerät nach *Heidebroek*

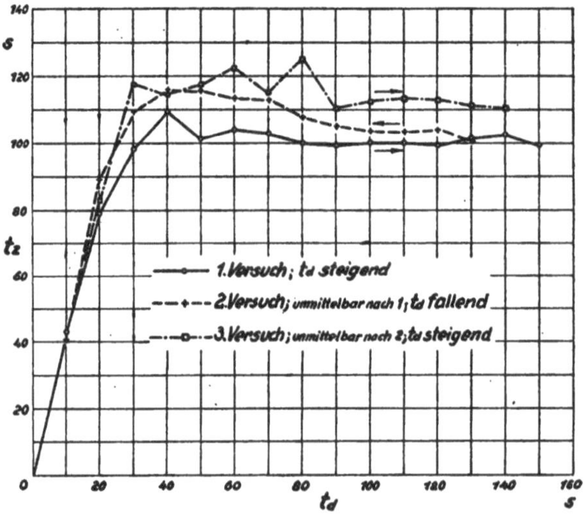

Abreißzeit in Abhängigkeit von der Andrückzeit

Versuchsöl: Shell BC 8

Öltemperatur $t_c = 19{,}5°$ C

Andrückkraft $P_d = 21{,}6$ kg

Abreißkraft $P_z = 6{,}0$ kg

Plattendurchmesser: 48 mm

Plattenpaarung: Stahl-Stahl (StC 16.61)

Abb. 55. Versuche am Ölprüfgerät nach *Heidebroek*

Nr.	Ausführender	Art des Versuches	Meßgröße	Versuchsöl	Prozentuale Änderung der Meßgröße nach oben	nach unten
1	*Häußler*	Viskositätsbestimmung im *Höppler*-Viskosimeter	Fallzeit der Kugel	Shell BC 8	—	1
2	*Vogelpohl*	Viskositätsbestimmung	?	Spindelöl	—	20
3	*von Schießl*	Abreißversuche mit kreisringförmiger, ebener Platte	Abreißzeit aus Kontaktzustand	Besondere Motorenöle		15
4	*Häußler*	Abreißversuche am Ölprüfgerät nach *Heidebroek*	,,	Shell BC 8	—	17
5	*Ostwald und Föhre*	Bearbeitung in Reibschale mit elektr. angetriebenem Pistill	Durchlaufzeit im Kapillarviskosimeter	Auto- und Sattdampfzylinderöl	29	10
6	*Ramsauer*	Haftreibung an schiefer Ebene	Reibungswinkel beim Abgleiten des Gleitkörpers	SS 903	—	50
7	*Needs*	Annäherung zweier Platten unter Öl bei Druckbelastung	Abstand der Platten in Abh. von der Zeit	Rizinusöl Mineralöldestillat Olivenöl		34 43 72
8	*Häußler*	Fortl. wechs. Ein- und Ausströmen zwischen ebenen Platten	Maximal auftretende Druckkräfte	Verschiedene Öle lt. Aufstellung	30	80
9	*Needs*	Reibung zwischen parallelen rotierenden Platten unter Druckbelastung	Reibungsmoment	Olivenöl	—	92

Abb. 56. Zusammenstellung von Versuchen über Änderung der Schmierstoffzähigkeit bei mech. Beanspruchung

Weitere Sie interessierende Veröffentlichungen
des gleichen Fachgebietes
finden Sie auf der folgenden Seite
vermerkt

FSC
www.fsc.org
MIX
Papier | Fördert
gute Waldnutzung
FSC® C083411

Kolibri 360 GmbH
Ferdinand-Jühlke-Straße 7
99095 Erfurt, Deutschland
produktsicherheit@kolibri360.de